人生九舍

舍是因 得是果

祖海◎著

NINE ABANDONED IN LIFE

企业管理出版社
ENTERPRISE MANAGEMENT PUBLISHING HOUSE

图书在版编目（CIP）数据

人生九舍 / 祖海著. — 北京：企业管理出版社，2023.5
ISBN 978-7-5164-2821-4

Ⅰ. ①人… Ⅱ. ①祖… Ⅲ. ①人生哲学—通俗读物 Ⅳ. ①B821-49

中国国家版本馆CIP数据核字（2023）第060455号

书　　名：人生九舍
书　　号：ISBN 978-7-5164-2821-4
作　　者：祖　海
责任编辑：张　羿
出版发行：企业管理出版社
经　　销：新华书店
地　　址：北京市海淀区紫竹院南路17号　　邮　　编：100048
网　　址：http://www.emph.cn　　电子信箱：26814134 @qq.com
电　　话：编辑部（010）68456991　发行部（010）68701816
印　　刷：河北宝昌佳彩印刷有限公司
版　　次：2023年5月第1版
印　　次：2023年5月第1次印刷
开　　本：710mm × 1000mm　1/16
印　　张：15
字　　数：150千字
定　　价：68.00元

序 Preface

各位读者朋友，很高兴能借着这本书的出版契机来与大家分享一点我自己的人生感悟。

俗话说，名字是一个人的名片。如果说本名是父辈的选择和命定，那么笔名则是你本人的选择和命定，它代表着你的生活记忆和人生态度。

祖海，是我的笔名。为什么要起这样一个笔名？从字面上理解，“祖”即祖先，意在连接祖先，“海”为海量，即博大。“祖海”这两个字代表着我将为之奋斗一生的事业——传承老祖宗留给我们的博大精深的中国传统文化。

人的选择不是一蹴而就的，我也不例外。初三以前，我对学习不甚感兴趣，虽然就读的是当地数一数二的中学，但我一直是班级最后一排的“常驻民”。我的父母为此非常忧心，都说“父母之爱子，则为之计深远”，为了让我能拥有更好的前程，他们克服各种困难，毅然决定让我转学。或许是父母的拳拳爱子心触动了我，又或许是新学校的学习氛围浓厚，转学之后，不用旁人督促和鞭策，我就能自觉地努力学习，并以全校第一的成绩考取了当地最好的高中。从此，我的人生格局改变了，后来也如愿考上了安徽建筑大学。

我能取得这些成绩，得益于父母的远见。对于一个普通的农民家庭来说，一年两三万的学费并不算便宜，而他们却顶住了经济压力，全力供我们兄弟三人读书。父母辛劳，实是深恩难报！

受父母的影响，我在高中时就开始谋划未来，我的创业心也是起始于此。但直到大学，创业的种子才真正生根发芽。那时，只要周末有时间，我就去尝试各种兼职：在国际会议中心站过岗，在寒风刺骨的街上发过传单，在炎炎烈日下跑过业务……此外，作为学校外联部部长，还经常需要为学校社团谈广告、拉赞助，由此我商业意识的萌芽愈发壮大。正是在这个时候，我下定决心，未来一定要做出自己的一番事业！

在校期间的兼职经历，让我积累了一定的社会经验和资源。借由这些经验和资源，2018 年，我正式创业，成立了自己的公司。作为一家以传统文化传播为中心业务的公司，我们旨在运用祖先古老的智慧教会大家解决当代人生的一些困惑。这也是我写这本书的初心。

人一生的追求无非两方面：物质生活和精神生活。物质上，人们追求财富圆满，包括金钱财富、婚姻财富、子女财富和健康财富。而能够承载这些高位财富的，我认为“舍”是关键。但有的人舍掉健康熬夜加班追求财富，有的人舍掉家庭幸福不管不顾追求财富，这其实都是非常极端的做法。

从古至今，中国人都非常推崇“中庸”这一人生智慧，而中庸之道在于平衡。舍与得，就是平衡的核心。我们追求财富，而财富的核心就是舍与得。财富于我们而言，只是一个结果，无论是价值五十万还是五千万，也只是某个人结出的“果”，一个“果相”而已。财富背后实际上隐藏着一种规律：修福报，贵人多，人品好，财富则能长长久久，反之，不义之财只能是短暂的。真正的财富包含两个层面，一是大小，二是持续力。这两者与个人及家族的修行有关，这个修行即是根，由此结出的果——财富，只是福报的一个显像。得财富、得婚姻、得健康，得是其“果相”，舍即是根。

舍是一种修行，愿意舍、舍多少、怎么舍、舍给谁、以舍求得……这是一个人修成要面对的大课题，也是我们这本书主要探讨的问题。不愿舍的人，只能拥有短暂的财富；而舍得过多或过少，没有把控好一个合适的度，则容易适得其反，助长他人懒惰或贪婪之心。

当我们拥有了财富，也要懂得回馈社会。我们一直都在用实际行动来践行企业的社会责任，每一次参加公益活动，都希望用自身的实力和能力去照亮一方。2021 年 5 月，公司参与“重走玄奘之路”活动，千人走戈壁，并在戈壁滩上种植了 20 万棵绿树；2021 年 7 月郑州水灾，公司第一时间组织员工捐款捐物，以最快的速度将一车车的救援物资运送到受灾群众手中。行动过程中，我们没有借此做任何宣传，只是将善行深藏在企业文化的内部档案里，深藏在大家的心里。所谓功过自在人心，我们相信，行善事不需留名，只要发自善心，自有善果，这也是公司的理念之一。

人生九舍，有舍才有得：以舍修德——舍弃凶恶之心积累福德；以舍出离——舍弃愚昧之心得快乐；以舍取义——舍弃浑噩之心得光明前程；舍我其谁——舍弃懦弱之心才能功成名就；舍短取长——舍弃傲慢之心得合作之机；舍己利他——舍弃自私之心得众人相助；舍近求远——舍弃功利之心利可长远；舍旧谋新——舍弃懒惰之心业可长青；舍九取一——舍弃贪婪之心万事可成。舍是一种长久的修行，我们将带领着大家一起修习这份“舍文化”。

这本书还涉及做人、做事、做企业之道的思考，以“舍什么”为入口，进而阐述“舍给谁”“舍多少”。

舍，在做人方面，体现的是换位思考，要站在对方角度考虑问题，以人为本。修炼个人的品行和福报，厚德载物。摆脱无用的念头与杂事的羁绊，坚守自己的底线。

舍，在做事方面，要求我们肩负责任感、勇气、魄力与担当，认清自己，取他人之长，补自己之短。学会舍小求大，实现团体合作。

舍，投注于企业之道，在于胸有大志，舍弃眼前的蝇头小利，才能规划和实现企业的长远发展；也在于不断地学习和提升，舍弃旧思维，才能使企业创新、事业长青；更在于聚焦目标、共享利益，成就令人尊敬的百年企业和伟大事业。

中国传统文化浩如烟海，以上这些舍得之道只是其中的沧海一粟，但雨水雪水能成涓涓细流、能成滔滔江河、能成茫茫海洋。

在传统文化领域，我希望打造一个开放的平台，并进一步专业化、标准化、流程化、产业化，将优质的服务融入更多人的生活点滴中。

我希望借由本书，向大家传递中国的舍得之道，让更多人重新认识、重视和传承中国传统文化，在浩瀚国学中寻求自己的人生答案。

上善若水，水善利万物而不争。若能择一方净土、掬一泓清泉，用自己的绵薄之力为众人润泽心海，既是一件幸事，亦是一种使命！

是为序。

祖海

2022 年 10 月 18 日于北京

目录
CONTENTS

第一部分

为人之舍

人生的意义是什么？关于这个问题，相信每一个人都有自己的答案。而对于有些人来说，人生的意义就在于得，在于追求得的过程。但如果一味追求得，太过看重得，一旦得不到，我们就很容易会感到失落，就会烦恼、痛苦，甚至走错路，陷入不道德的泥潭，最终把自己的人生置于失败的境地。

那么，这些后果，是追求得所造成的吗？非也，造成这些后果的最大原因，都是源于我们的“我执”太重，凡事都以自我为中心，太过在意自己的得失。说到底，是没有参透舍得二字的含义。

试想一下，浩瀚的宇宙无穷无尽，而人的一生却只占这无尽时空的须臾，人就如蝼蚁般渺小，个人的得失喜怒更不值得一提。每个人的生命是有限的，能得到的也是有限的，如果不懂舍的智慧，一味吸纳无用的东西，那么当生命承载不了更多东西的时候，我们就会错失自己真正想要的东西。

对于宇宙而言，众生是平等的。想要破除“我执”，就要将自己摆在众生的位置上，平等地看待自己和他人，才能消除因“我执”而产生的恐惧，才能以平常心看待自己的得失。如果凡事执着于圆满，不懂得取舍，过于贪婪贪痴，就会耗费我们有限的生命。问问自己，什么才是你最想要的，你就不会因贪婪而失去最应爱惜的事物，也不会因为钻牛角尖而内耗自己的心神。

舍得的道理，在这世间随处可寻。比如，过去农村有一种习俗，当柿子成熟时，农民不会把它们全摘下来，而总是在树上留下几个。为什么？一方面，是供路上的行人在需要时享用的。另一方面，是留给鸟类在冬天吃的，这样它们就能熬过最寒冷的季节，等到明年初春，就有鸟儿在树上捕捉害虫，这样柿子才会有好收成。在树上留下几个柿子不仅仅是为了行善事，更是一种互惠互利，是舍得智慧的一种体现。

可见，舍并不都是失去，终有一天，会以一种得的形式回到你的身边。做人最大的智慧，就是知道舍弃，而舍弃也正是为了得到。

为了得到自己真正想要的，就要摒弃一些于己无益的东西，比如凶恶之心、愚昧之心、浑噩之心等。这是因为，凶恶之人没有德行，无法承载过多的福报；愚昧之人一直在精神内耗，缺少让自己幸福的能力；而浑噩之人没有底线，找不到引领自己走向成功的信念。

在这个世界上，注定要放弃一些东西，才能得到一些东西。你越是坚持，越是不愿意失去，你就越是得不到任何东西。这就是所谓舍得，先舍而后得。人生最大的勇气是放弃，最大的智慧也是放弃。当你握紧双手的时候，什么都无法拥有，但当你打开手掌的时候，世界就在你手中。

人的内心容量是有限的，如果你不及时清理一些东西，就没有地方容纳一些新的和好的东西。有些时候，你不愿意放弃一段已经冷却的关系，不愿意放弃虚荣，也不愿意放弃虚名，想将这些东西紧紧地握在手中，可事实上，你越不情愿，就会有更多的东西离你而去。就像手中的流沙一样，如果不握紧它，它会静静地躺在你的手掌上。如果你害怕它会溜走，手握得越紧，从指缝间滑落的就越多。

《庄子》里说："用心若镜，物来则应，过去不留。"如果将人的心比作一面镜子的话，你就会知道，这面镜子是留不下也藏不住过去的事物的。每一个人的一生，精力都是有限的，如果你专注于烦恼和痛苦，就无法容纳愉快和幸福。所以，我们要学会放下，才能轻装上阵。

《庄子》里还说："至人之用心若镜，不将不迎，应而不藏，故能胜物而不伤。"我们的心要像一面镜子，去者不送，来者也不迎，对事物不隐藏，所以能够成功且不受损。当外物来临之时，如果你过于用心，就很容易生起恩怨和是非，再明亮的镜子也会浑浊不堪，而我们的心灵也会沉溺在苦海之中。而如果我们的内心不受外物影响，不送不迎，也不将它藏于心，就能做到不损害我们的心灵。

所以，在外物来临之时，无论是令我们欢喜的，还是令我们伤感的，都不要过分用心，就如明镜一般去体会它、感受它就足够了。这样，当这些外物离去的时候，它们就不会在我们的心中藏下痕迹，我们的内心仍像明镜般澄明，也少了许多无谓的痛苦和烦恼。

此外，我们每一个人都需要及时对自己的心灵进行“断舍离”。舍弃心灵上的一些乱糟糟的事，不要让这些“杂草”阻挡我们寻找幸福的目光。

舍得付出的人，也许会吃一些亏，但是不必后悔，因为给予总会有回报。不管是眼前的，还是长远的，都会以另一种形式回馈给你。如果你舍得了恩怨情仇，就能放下忧伤苦痛，获得轻松和自由的人生；如果你舍得了个人私欲，就能得到充实和从容的日子；如果你舍得了物质的牵绊，就会享受到精神上的愉悦。

在舍得之间，藏着我们终生的修行。在这一生中，人们注定要放弃并得到一些东西。放弃，就是要卸下那些沉重而复杂的负担和累赘，留下那些令人感到轻松和舒适的事物。有时候，看似放弃了眼前的利益，却在无意中获得了更广阔的舞台。舍得是一种精神境界，只有拥有丰富精神世界的人，才能领悟到其中的道理。大舍大得，小舍小得，不舍不得。

人生百年，也不过就是一舍一得的重复。凡事有舍才有得，不舍便不得。舍去一点欲望，得到的是快乐；舍去一点虚荣，得到的是健康；舍去一点执念，得到的是释怀。当你参透了这一点，就会发现，人生的意义不在于得，而在于先舍后得的过程。

第一章　以舍修德

“积善之家，必有余庆。积不善之家，必有余殃。”

福气，犹如照临在庭院中的月光，水一般清澈澄明。它能给我们昏暗的人生带来光与温暖，为我们驱散黑暗与阴霾。每一个人都渴望抓住黑夜中的一缕光，仿佛拥有了这缕光，就能收获幸福和丰盛的人生。但遗憾的是，幸福总是少数。福气并不青睐所有人，它只偏爱有德之家。

常有人感叹自己福气不足，无法拥有成功的事业、美满的家庭、众人的爱戴，等等，也常有人在夜深无人时叩问天地：为什么别人拥有的福气就比自己多？亲爱的朋友，每当你怨天尤人之时，有没有思考过一个问题：福气从哪里来？相信很多人都会回答：福从天上来。非也，福是从我们心上而来，只有慈悲有德的心才能纳一切福。

古语道：“厚德载物，福禄在上，德不配位，必有灾殃。”

直白地说，就是人只有顺应事物发展规律去工作、学习、生活，才能承载万物，获得富贵福禄，若是德行不配福报，那么灾殃就会来了。

要得福，就要先修好承载福气的“容器”，而这个“容器”就是德。只有有德之心，才能纳一切福。即便是那些一出生就站在终点线上的人，他的福气也并非无缘无故就拥有的，而是来源于先辈们不断积德行善种下的善因。积善之家，才能够福荫后代。

想有福报，就要修德。对世界上的一切事物，每一棵植物、每一棵树，以及所有弱小的生命都要怀有深切的慈悲心，一颗善良温柔的心会让你散发出强烈的吸引力。一切所需，不求自得。

何夜无月？何处无福？唯有德之人得矣。让我们收获幸福和丰盛人生的福气，正是我们自身的德行，德行就是照亮我们生命的心灵之光。只要我们不断提高自身的德行，福气自会如月色入户，不请自来。

一、德是心灵之光

在我们每一个人的内心，都有一双无形的手，它能够推开我们封锁的心灵之窗，让德之光流进我们的心里，驱散我们所有的阴霾。这一双手，就是修德。

什么叫修德呢？简单地说，修德就是修正自己的德行，使其合乎天道。也唯有修德，才能够让我们觉醒自性。厚德载物，人生的一切都以德为基。

在学习如何修德之前，我们先来了解下什么是德。中国人常把德和道联系在一起来讲，也就是“道德”。“道德”一词起源于先秦时期的《道德经》。德是道的体现；道是德的本性。老子认为，宇宙万物皆源于道，道是天地万物的本源，是物质世界运动变化的普遍规律。道是宇宙万物的化身，衍生出我们熟悉的物质世界。世界总是按照一定的规律运动和变化的，比如太阳、地球和月球的自转和公转。因此，从古至今，人们也常把道作为应该遵循的最高的生活原则，比如修身之道、齐家之道、处世之道等。而道的特性就是自然、清净、恬淡、不争、纯粹，等等，具备这些特性，就是顺应了天道，就能够称之为有德。

所谓“容止如君子”，有德之人的容貌与举止，是完全遵从道的特性的，他们的所有言行都是合乎天道的。因为他们把握了事物的发展运动规律，不被当下心境所迷，在任何时候都能做到宠辱不惊，进退有度。

所以，不难理解，修德其实就是要求我们做人做事要合乎天道，不要违反社会的运行规则。比如，对我们个人生活影响最深的社会伦理道德，包括仁义礼智信、忠孝廉耻勇等美好品质，也是道的体现之一，不遵守这些社会伦理道德，就是与道相违。

而德，又包括所有类似忠孝、仁义、温良、恭敬、谦让等正面的品质，具体又可以表现为心德、口德、德行等。

心德，就是要摒弃凶恶之心，内心充满正面的思想；口德，就是不能出口伤人，即使内心善良，但口出恶言也是不道德的表现之一；德行，是德的最高体现。如果仅仅有好心，而没有付诸实现，也是缺少现实意义的。

如果我们能够将心德、口德、德行等修好，日日“三省吾身”，时常检点个人的行为规范，那么我们的思想言行就能脱离邪恶，就能远离祸患。思无邪，则福自来。

1. 修德，种福因得善果

相信大家都听过一句话：“福地福人居”。福地，不是对于任何人来说都是福地，只有承载福气的人，才能够居住在福地，而对于福气不够的人，居住福地反而会受到负面的影响。

市中心有一家人气很旺的门店，别人干得都风生水起，只有他干的时候就倒闭；同样，在一个偏僻的地方，别人干什么赔什么，而你干就能成功。这是为什么？仅仅是因为他不如别人会做生意，或者你比别人更懂经营吗？其实不然，根本的原因在于我们自身的能量是否足够，这个能量就是德行，有德行的人才能承载更多的福气。

常言道：“远小人，近君子。”所谓君子，就是道德修养很高的人，一个道德修养很高的人，获得成功和幸福的概率也会高，因为德行是吸引福气的基本条件。如果德行够了，就算一开始不懂做生意，也会在某一日“福至心灵”，突然间就开窍了，懂得了如何做生意，人脉和资源随之而来。

当然，获得成功和幸福只是水到渠成的业果之一，修德的好处还有很多。

修德，可以净化浮躁的心灵，与他人和谐相处。

人的一生之中，不可能一帆风顺，但种种凡尘俗事，往往最能磨炼人的心性。我们经常会因为生活的高压或烦闷而感到易怒、沮丧和不安，对于很多事都无可奈何、无能为力，久而久之，开始对自己和人生感到失望。如果你也有过这样的徘徊时刻，就不妨通过提升自身德行，来参透世间万物。世间万物都是有一定自然规律的、合乎天道的，只要我们理解到这一点，就会懂得顺其自然的道理，用道德规范自己的言行，从而找到一条正确的人生道路来纠正自己，我们的思想就会慢慢平静下来，内心也就不会充满沮丧。很多过去我们认为过不去的坎，会随着心的开阔而逐渐看淡，明白了遇事应当处下、不争、顺其自然，就能够达到与人和谐相处、做事顺利的效果。

修德，还可以平和情绪，增强体质。

心是人身之主。只有把心养好，身体才能健康。健康状况不佳的人经常会感到紧张、不舒服。当我们的德行越来越高的时候，对待万事万物更加宽容平和，身心也就更容易放松，只有心放松了，才能达到疏通经络的作用，有利于身心健康。此外，随着现代社会发展步伐的加快，工作和学习任务繁重，人们往往感到精力不足。坚持修德，平和情绪和身心，会让我们有更充沛的精力去应付这一切。

修德，也可以唤醒智慧，守住能量。

生活中的每一天，我们都会遇到很多考验，都要接收很多信息，处理很多事务。如果我们的心智不够明朗，就很容易陷入自我的内耗中，从而丢失掉我们自身的能量。坚持修德，让内心平静下来思考，这样，我们才能够在清醒的状态下做事情，才会事半功倍。

总之，道德修养对于促进身心健康、提高道德水平和与人打交道的能力有诸多好处。它能够改变我们的生活方式，使我们摆脱烦恼和沮丧，获得新的幸福感受，值得我们长期坚持。

2. 光不仅在烛上，还存于心上

古人云："德行，内外之称，在心为德，施之为行。"简单地说，德是用来支配每一个人行动的内在力量，是我们内心的操守，这个操守指导着我们的行动。如果内心没有了德，也就没有了行为的指导，没有了内心的支撑力量，就很容易陷入困境。

明代哲学家王阳明，在当时很受人们的爱戴。有一次，一个叫徐樾的官员为了得到他的指教，在信江岸边等了他很长时间。在见到王阳明后，徐樾对他说，自己对心学已经了如指掌了。

这时候，王阳明却摇摇头，说："你太执着于外物了。"

徐樾表示不理解。王阳明示意他看船里的烛火，问他这是什么。徐樾说："是光啊。"

王阳明表示赞同，又问："船里的是光，那么船外被烛光照亮的湖面上又是什么？"

他回答："这自然也是光。"

王阳明又指向远处星星点点的渔火，问道："那些亮着的地方是什么呢？"

"那也是光。"徐樾思考了一下，突然顿悟了："光其实并不在烛上。"

王阳明点点头，对他说："请不要执着，记住，光不仅仅在烛上，真正的光，是存在于心中的。"

烛火能发光，但是它代表不了光，光还可以显现在日月星辰等发光体上。我们肉眼见到的光，都是一种相，是我们内心的显化。修行修心，先要认识自己的心，内心有德，此心才会光明。

怎样用德来点亮我们的心灵呢？

第一，做一个光明的、充满正义感的人。

首先，就是要唤醒和擦拭自己的内心，把内心光明的一面挖掘出来，从你的心开始，凭心做事，做一个心地光明的人。

第二，做一个无私的、懂奉献的人。

有德之人，不乱于心，不困于情，不缠于物。王阳明曾说："盖至于今，功利之毒，沦浃于人之心髓，而习以成性也，几千年矣。"如果在功利面前，能识得破、看得透，能够破除私欲，做一个无私的、懂奉献的人，就能拥有一颗光明磊落、坦坦荡荡的心。

第三，做一个言行如一的人。

很多人满口仁义道德，做的却尽是无耻之事，当面一套，背后一套，这就是所谓知行分离。而有德之人心口如一、言行如一，他们口中所说即是内心所想，这样的人才能活得坦荡。

第四，做一个有自信并且自觉的人。

有德之人因为内心光明，所以定力如山，这样的人无论身处顺境还是逆境，都能境随心转。其实，真正的自信不在于外在物质或样貌的加持，而在于内心的强大。心中有光，就会从容淡定。

第五，做一个敦厚仁义的人。

有德之人敦厚踏实、内外通透，他们磊落大方和不与人争的气质能让别人放下心中的防备，从而获得更多的帮助。而众人的信赖，也成为他们实现人生理想的助力。

内心的德之光，能够照亮和温暖人间的路，让你即使寒夜独行也不会觉得冷清。内心的德之光，也是你人生最大的底气，一直照亮着你前进的方向。

二、修德，就是修“无我”

古语道：“天道无亲，常与善人。”意思是说上天对于众生都是一视同仁的，无偏无私，但它又常常会无意识地暗中帮助行善的人、顺应天道的人。因为天道总是与善良同在的，只要我们的德行够高，那么做事情就会犹如神助，顺风顺水。

善良的人能够坚守自己心中的道，那么自然就会被天道所青睐，给自己和后代带来福报。因此，做人做事应顺应天道，行善积德多行善事，做个善良的人。

那么，怎样才能成为一个有德行的人呢？

其实，修德的关键是在心性上破掉“我执”，把自己放到众生的位置上，不要以自我利益为中心，而是要以大家的利益为中心。当我们心中没有了“我”，眼里才能没有“他”，任何人在我们心中都是平等的，他人的利益就是我的利益。我们心中没有了“我”“他”之分，才能对每一个人的遭遇感同身受，唤醒我们帮助他人、宽容他人之心，才能驱使我们行动起来做善事。但“无我”不仅仅代表着无私，更代表着将“我”放到众生的位置上去爱护，因为“我”也是众生中的一员。

思想是言行的指导，我们的内心是一片广阔的天地，你给它注入什么，它就会呈现什么。所以，要破除“我执”，就要在内心打造一个“无我”之境。

怎么打造呢？我们要先给心田播种。通过学习和掌握各种道德知识，深入思考各种人生哲学，在内心深处培养求善避邪的道德意识和道德情感。当德的灵苗种下之后，还要时时清除杂草。通过反省自己思想和行为中的不良倾向和不良思想，并及时加以抑制和克服，才不至于让杂草吸收掉灵苗的养分。灵苗如已茂，恶草自然萎。当德行的种子在我们心田中生根发芽，内心被正念充盈之后，我们的灵魂就如入“无我”之境。待行德的意识长成一棵参天大树，我们的一言一行就都是自然的流露。

行德，能让大树更加茂盛，当它越长越高，便离阳光和温暖更近。而百善孝为先，要想树的根扎得更深，首要的就是行孝。

孝顺父母是离我们最近的修德行为。在每一个人成长的过程中，或多或少都受到过来自父母的恩泽，就像树木领受天地雨露一般。孝敬父母，报答生养之恩，就是行天地之德。

除去特殊的个例，天下的父母大都爱自己的子女。无论我们年岁几何、出走多远，始终在家里牵挂着我们的，就是父母。以父母之心去对待父母，正是我们修德路上的第一考验。如果不能回到父母身边，你可以在有空的时候问候一下他们，让老人知道你在想着他们，或者回到家中的时候，在力所能及的范围内做一些家务，对父母给予关心和体贴等。

如果父母对我们有恩，那么我们就要双倍回报；如果父母对我们有过，那么就从与父母和解开始，内心不再怨恨他们，这也是孝的一种。

修德不是要求我们去成为圣人，其最终目的是追求内心的平和，让内心充满光明。因此，尽我们所能去行孝便好。

打好根基之后，当满树花香之时，可慷慨赠人以花，淡淡余香仍会将你萦绕。

俗话说：“勿以善小而不为，勿以恶小而为之。”在生活中，有很多人需要帮助，我们可以从身边的小事做起，比如公交车上让座、出租车上拾金不昧、帮扶盲人过马路、大雨中为陌生人撑伞等，时时怀有善心和爱心。人的好意，是我们祈福最大的能量。

当你摘下一朵花送给别人，就会让善因散播得更广。而用大爱为他人送去一时荫凉，不毁枝叶及花果，就能壮大我们的枝叶。

行大爱最简单的方法，就是参加公益活动。公益活动的范围很广，包括社区服务、环境保护、知识传播、社会救助、社会保障、应急救助、青年服务、慈善活动、专业服务、文化艺术活动、国际合作等，或者参加由单位、学校和其他地方组织的关爱活动，给别人捐赠物资等。这些活动不仅能够唤起我们心中的大爱，也能够给别人带去希望。同时，我们在参与的过程中，可以接触到不少德高望重的人，接受他们的感化和引导。

量力而行去参加一些公益活动，对提高我们的德行是非常有益又有效的，不仅能够为更多的人带去荫凉，我们自身也会变得更加强大。

但一棵大树在生长的过程中，难免会遇到一些害虫。这些害虫会啃食掉我们的善念。这些害虫就是凶恶之心，而在我们行善积德的过程中，唤醒善念其实比善行更重要，因为善念之后一定会有善行。而唤醒善念，最重要的就是要摒弃凶恶之心。只有摒弃了凶恶之心，才会懂得不断的积福积德，为自己日后的生活种植下福气的种子。

三、舍恶行，福自来

修德贵在修心。而凶恶之心，便是我们行善修德道路上最大的阻碍。什么是凶恶之心呢？所有凶气恶念都可以归为凶恶之心，比如暴戾、贪婪、自私、自利、凶残等。

当然了，人非圣贤，几乎所有人都会起恶念。人心之中的恶念是人之本能，是本我人格之中的初始欲望，是人性弱点之中的自私一面。因此，我们首先要学会原谅自己心中的恶念，只要学会掌控它，就不会有损我们的德行。人心之中的恶念并不可怕，可怕的是被凶恶之心掌控。

你看，这个“恶”字底下是个“心”字，也就是说，如果我们被恶念掌控了，那么我们的心就坏了。好比一棵正在生长中的小树，根就是它的心，心坏了，就无法吸收养分，枝叶也就坏了。而如果心能摆脱恶念的掌控，树根就还能吸收到天地的养分，即使枝叶坏了也没关系，只要善根还在，修剪过后仍然可以长成茂盛的大树。

恶念就如同蔓草滋生于心，只要有一点时间和空间，都能够丛生蔓延，侵蚀我们的心灵。因此，当我们心起恶念的时候，就要先知先觉，及时去遏制，这样时间长了，恶念才能够慢慢消失。恶念少了，就不会激发负能量。我们要“时时观心为要”，一发现自己的行为有偏，就要马上修正，这样就不会“无心非”了。

若我们没有及时察觉自己的过失，被凶恶之心掌控，便会无视道德与法理，只会爱自己，便不会在意他人的感受，且为了满足自己的欲望，做出伤害他人的事情来。就好比与被恶念控制的人讲道理，对方只会觉得你很可笑，却认知不到自身行为的错误，也意识不到凶恶之心带来的后果。

1. 凶恶之心会带来什么后果

或许你会觉得，一个想法能造成多大的危害？但事实上，每一个小的恶念，就像一块被扔进平静的水中的小石头。当你把石头扔进水中时，它会激起一个水波，而水波会继续传播，不断扩大，直到使整个水面发生波动。

这是我们能觉察到的，还有我们无法觉察的，比如水面下的鱼虾，一旦水面产生动荡，它们也会跟着往远处跑，这样一来，远处的鱼虾也都会跟着往更远处跑。这就意味着，那些隐藏在日常生活中的福报被我们赶跑了。

我们现在的情形，是我们过去造成的，过去无法挽回，但未来还充满着希望。如果任由恶念一直跟着你，那么你就会被它拖着走，错失掉美好的未来。

2. 善良的人是不是就不会产生恶念

我们要正确面对凶恶之心。你要知道，内心有恶念是一件非常正常的事，恶念存在于我们每一个人的内心，即使是那些品德高尚的人也无法逃脱，我们无须因此而过分担忧与自责。

每一个人的内心，都是天使和魔鬼的决斗场。只有当我们了解了什么是善、什么是恶，我们才能知道什么是可以做的、什么是不可以做的。在这个世界上，没有绝对的好人，也没有绝对的坏人，更没有一个人的内心能达到绝对的善良，也没有一个人的内心是绝对的邪恶。

如果我们想彻底抛弃恶念，就必须学会接受恶念的存在，这是我们舍弃凶恶之心的第一步。就像承认自己是一个普通人一样，你可以以开放的心态去学习，一步一步成为一个优秀的人。在了解了恶念是人性中的一个弱点后，我们才能原谅从前心中的恶念，通过道德修养来彻底舍弃凶恶之心。

3. 要怎么做才能舍弃凶恶之心

古人曾说："一切福田，不离方寸；从心而觅，感无不通。"这意味着所有的幸福都植根于你的内心，并从你的内心成长。因此，当我们有足够好的想法时，在除去了贪嗔痴之后，我们就没有什么求不到的了。

虽然恶念存在于每个人的人性中，但如果我们不约束它们，它们就会在不经意间暴露出来。要知道，恶念会排斥善念，两者不可得兼，负面的念头藏在心底时间长了，就会损耗我们的德行。所以，要想改变自己的命运，必须从心底里下功夫，一念不生恶，念念干净，还怕会作恶吗？

（1）舍弃凶恶之心，首先要修心和炼性

俗话说："修德就是修心。"内心的想法是看不见也摸不着的，有善也有恶。除去邪恶的思想，只留下美好的思想，那就是修行心灵。

怎么修行心灵呢？孔子曾经说过："苟志于仁矣，无恶也。"也就是说，如果一个人立志去追求仁德，心中就有着自己的底线和道德标准，就不会去做坏事。仁是什么呢？是心善、心正。

善良是我们修养心灵的最大营养。善良的人，心理稳定、平衡，对外部世界有承诺和包容，对内部世界有宽广的胸怀去消化负面信息。正直诚实，你就能吃得好，睡得稳。相反，如果太贪婪，有无限的私欲，让它整天牵着你的鼻子走，你就不能自由地生活，只能无休止地担心，随着时间的推移，就会对你的健康产生影响。而心中有仁德的人，内心平和宁静，不会被恶念所困扰，这也是我们实现心灵自由的前提。

可见，仁是我们修心和炼性的关键，也是做人的根本。立志行仁，就能够避免为非作恶，也能够防止骄奢放纵。

（2）舍弃凶恶之心，要放大恶的后果和从善的好处

以偷盗为例子，当脑海中出现了偷人钱财的想法，将要无法控制时，马上想想这样做的后果——被法律制裁、被众人唾弃、被朋友疏远，这些是你想要的吗？而如果选择坚守底线、坚守善念，那么你依然能拥有幸福的人生、成功的事业。

（3）舍弃凶恶之心，要寻找积极和正面的环境

人们是很容易受到环境影响的，如果你的周围都是积极的人，那么你也不会心理阴暗。但是，如果你的周围都是被凶恶之心牵制的人，那么即使你一开始养成了好习惯，时间长了，也无法独善其身。

因此，你要及时清理自己的圈子，和更多积极的人做朋友。同时，培养更多健康的爱好，让美好的思想存在于你的心中，感受生活的美好。那么，当邪恶的思想偶尔对你发起攻击时，你也能够很容易击败它们。

世间没有绝对善良的人，也没有绝对邪恶的人，善恶同时存在于每个人的心中。只要我们能够接纳自己恶的一面，并积极用正面善良的念头武装自己的头脑，那么恶念就算出现，也不会掀

起太大风浪，因为我们是有足够的定力与智慧来将其粉碎的。

善恶常常在于我们的一念之间，我们的一生都在自己与心魔的斗争中不断前行，唯有始终坚持修德，才能克制自己的恶念。而且，仅仅坚持道德是不够的，还要弘扬道德。

首先要扩展你的内心。例如，通过自我修养，我们可以抑制我们的贪婪，然后扩展这种良好的做法来抑制傲慢和冷漠。只有让美德的种子在我们心中发芽生长，增强美德在我们心中的力量，我们才能战胜人性中的邪恶，成为道德高尚的人。

其次要推己及人，“老吾老以及人之老，幼吾幼以及人之幼”。我们不能只在自己的小圈子里坚持道德修养，还要用我们良好的道德去影响他人，从而真正做到对德行的发扬光大。

通过这一章的分享，亲爱的朋友，你有没有新的体会？

古人说：小胜靠智，大胜靠德。一个人如果没有美德，但是有很多财富，那么这个人就会迷失自我，滑入深渊。不要幻想一夜暴富，财富取决于你自己的努力和积累，只有这样，财富才能真正归属于你，你才能真正掌控财富，而不是被财富吞噬。

如果一个人的成就配不上他的地位，那么灾难就会降临。人品差，但窃居高位，迟早会造成麻烦。一个人只有凭借美德才能掌控自己的权力和地位，承担起重大的责任。

财富和名誉来自道德，就像山林中的花草和树木，它们自然地繁衍生息。如果一个人的财富是通过积德行善获得的，就能够福荫后代。

一个人最吸引人的地方不是他有多么俊美的脸庞，而是他拥有一颗高尚的心。有德行的人注重道德修养，自然能赢得人们的钦佩和尊重。

第二章　以舍出离

“岁月本长，而忙者自促；天地本宽，而鄙者自隘；风花雪月本闲，而扰攘者自冗。”

亲爱的朋友，你是否对于同样的问题，总是会翻来覆去地想，还常常被别人说你想太多？你是否常常感觉到自己的情绪起伏很大，心情很容易受到巨大波动？这些情绪是不是总让你感觉到很疲累，觉得自己很失败，陷入拖延和自责拖延的怪圈？

其实这些感受大部分人都有过，毕竟人是一种情绪的动物，无论是时气变化还是月圆月缺，都很容易影响到我们的心情。但如果任由这些情绪在内心蔓延，就会造成过度内耗的情况。当我们把太多的精力和重心放在自己的内心戏里时，长期下去就会让人感到疲惫和消极。

每一个人的内心里都住着两个小人，心理负担重的人，两个小人常常会吵得不可开交，即使现实中什么都没有发生，内心中也会上演一部电视剧。而人的精力是有限的，当我们的内耗过多时，精力就不够了。单是应付我们自己的内心就很累了，还哪有精力去应付现实的生活，哪有精神去追求我们的理想和事业？

而且，内耗也会影响我们与身边人的关系，造成人与人之间的龃龉。尤其是那些感情原本细腻的人，因为内心杂乱的念头、胡乱的猜测，平白生出许多的误会和摩擦，看似微不足道，但也会造成“千里之堤溃于蚁穴”的隐患。

如果你仔细去想想，就会发现，我们遇到的这些烦恼大部分都是自己想象出来的。很多时候，我们之所以会感到烦恼和痛苦，其实都来源于自己的执念。

也许你也遇到过这样的情况：事情还没有发生，就开始了无限的联想，而大部分人往往都会朝着很坏、很不利的方向去想象，导致自己非常郁闷，根本什么也没发生，就已经痛苦无比了！

因为我们太过相信和依赖自己的情绪，一旦被情绪带入悲观的境地时，我们就会感到失落、痛苦、迷茫。要知道，人性是复杂的，感觉也会骗人，有些时候我们的烦恼其实是一种错觉，而有些时候的烦恼，则是因为我们过于执着于失去。在生活中，许多人往往只会在意自己得到的，却从不舍得失去什么，我们的人生是否能获得幸福，全靠我们自身的改变，这就是所谓“万般内求”。

岁月悠长，天地宽广；庸人自扰，智者自渡。我们万不可庸人自扰，而是应抛弃愚昧之心，用出离心去赏看世间风花雪月，感知万物安闲美好。

一、用赏花心看世界

一位大师曾说过，无论看这个世界的什么事物都不要过于用力，要学会把事物吸纳到自己的精神中来。看一朵好看的花，不要过于留恋，不要把自己的精神放在花的身上，而是要学会把景色吸纳到自己的精神里来。过于把精力放在赏花之上，对于花没有益处，对于自己更没有益处。但如果把花的美吸纳到精神里，就不仅能够丰富我们的内心世界，更能保留我们的精力。

我们看花赏花，是为了享受花给我们带来的美好，而不是为了消耗我们的精力。如果想要在人生旅途中轻装上阵，获得快乐，就要学会舍弃一些无用的烦恼和忧愁，以及杂事的羁绊。而获得快乐的前提，就是要学会出离。

以赏花心看世界，便是出离。来自生理、心理、自然环境和人际关系的各种摩擦和矛盾总是会造成烦恼和痛苦，而我们希望从这些苦海中摆脱出来的心，就是出离心。

学会出离是为了提升人生的价值和意义。比如，我们努力工作，是为了让自己和家人生活得更好，努力工作不是目的，过上更好的生活才是；我们出外求学，是为了学到更多谋生的本领，出外求学不是目的，获得自力更生的能力才是。正如赏花一样，赏花不是目的，获得它带给我们的美好体验才是。

人生本来就如此艰难，为什么我们总是不由自主地为难自己呢？如果你不懂得出离，就无法从无数的烦恼和忧愁中脱离出来。

很多人认为爱惜自己就是一味地“溺爱”自己，为了让自己的心舒服，不断地浪费时间去让自己与杂念对抗，但其实这是在害自己。只有直面心里的杂念，让自己接纳这些杂念，从而在精神上获得真正的出离，让自己的心处在平和的情绪之中，才是对自己真正的爱意。

“出离”这个词看起来高深，其实只要我们用心体会，就会发现它非常平易近人。出离的关键就在于懂得选择，而选择是离不开智慧的。

简而言之，出离就是要求我们学会选择、懂得放弃，勇敢面对我们失去的，用正面的心态去创造未来。什么是正面的心态呢？也就是说，我们要懂得选择对我们有益的念头，放弃对我们有害的想法。

我们每一个人的一生不是在和别人斗争，而是和自己的内心做斗争。我们越恐惧什么，我们的内心就会不断地抓住这些恐惧的念头，不断给我们灌输恐惧的思想，让我们深信这些想法是真实的。

比如，你害怕一生碌碌无为，就会经常想到自己的短处，越来越相信自己是一个无能的人；你害怕爱人不爱你，就很容易抓住一些小事当成是不爱你的证据，从而越来越坚信对方不爱你。

先不论事实如何，这些愚昧的想法不仅对现实毫无帮助，反而还会让人陷入痛苦和烦恼。让我们没有精力去追求事业，没有动力去经营关系。

要知道，我们的念头是很狡猾，也很强大的，它能够迷惑我们，让整个自我认同这些念头，从而产生这些念头就是自己本身的错觉。如果你不懂得及时转念，通过出离心让自己摆脱恐惧和烦恼，那么你就会被你的念头打败，惶惶不可终日。

当然，遇到事情的时候，不是说想不恐惧就能不恐惧、想不烦恼就能不烦恼的，所以我们才更要通过不断的思考，觉察自己的“我执”，多想积极乐观的画面，这样，负面情绪才能一点点地被我们根除。

接下来，就为大家介绍几种根除负面思想，获得出离心的方法。

1. 要正确认识自己的情绪和念头

很多时候，困扰我们的往往不是事情本身，而是透过这些事件，让我们产生的情绪和念头。

当我们遇到一些我们难以理解或接受的事件时，我们的大脑就会编造出一些故事，去获得我们的认同，而这些故事大都是偏负面的，因为在人性中，我们常常会更相信一些消极的东西。而在获得我们的认同以后，我们的身体做出的反应，就是情绪。

在处理情绪时，我们通常有两种反应：逃避或者完全认同。情绪就如同海浪，它来的时候是无法压抑的，如果我们一味地压制它，这些负面的能量就会隐藏在你的身体或潜意识中，迟早会显现出来。一旦它显现出来，就会如同大海决堤，一发不可收拾。

（1）在坏情绪面前，要有“不管风吹浪打，我自闲庭信步”的心态

坏情绪就像是无意路过的春风，料峭的春风虽然有点冷，有时候甚至还会带来一场潇潇的小雨，山头初晴的斜阳却应时相迎。你可以选择狼狈地奔忙避雨，也可以选择闲庭信步地听雨赏雨。

当这一场情绪之雨过去之后，再回首，也无风雨也无晴。凡所有相，皆是虚妄，我们不必过于执着和过分沉溺在怀情绪中。不要在乎那些潇潇的风雨，我们要以一种轻松的心态且歌且行。

人是情绪动物，人心也是复杂的，一个人的心上有千百种情绪，有些情绪是你的，有些情绪只是过客，它因人性而生，而非因你而生。不要因为自己有负面的想法或情绪，就对自己进行严厉的审判。要知道，遇到坏情绪和怀的念头就像刮风下雨一样稀松平常。

有时候，你会感觉到自己身上有一百个不同的灵魂，在这些

灵魂中，有爱你的，也有不爱你的。如果你受那些不爱你的灵魂干扰，就会陷入自我的否定和怀疑中，久而久之，你就将那个灵魂当成了你的“本我”，它也会一步步吞噬掉你的灵魂，占据你的思想。

心理暗示的力量是无穷的，一旦你认准了坏情绪，那么你就会很容易陷入情绪的陷阱之中，被它牵着走，成为它的奴隶。

但是，请大家记住，情绪就是一阵风，有时候我们会觉得如沐春风，有时候我们会感到寒风彻骨。只要我们不要过分执着于它，那么任尔东南西北风，我们都可以岿然不动。

我们要关注的，是内心那个爱自己的灵魂，爱自己的情绪，用赏花的心态去迎接坏情绪的到来，让它从我们的眼中、心中自由来去，既不沉溺也不批判，这样，才能让不爱你的情绪离你而去。

不困于心，是能够认清自己的内心，能够分辨哪些是自己的真心，哪些只是复杂人性中的过客。此外，也不要执着于情绪的出处，不纠缠于为什么自己会有这样的情绪或那样的想法，而是即时放它们离去。雨来时，不要问它为什么会下，只需耐心等待雨停即可。晴日有晴日的风景，下雨有下雨的风景，放下我们心中的执念，无须计较情绪的来处，才能在潇潇细雨中闲庭信步，感受雨中的清凉。

所谓“论心世上无完人”，每一个人都有阴暗面和被阴霾笼罩的时候，只有接纳人性的阴暗面，我们才能获得更大的自由。

（2）念头只是念头，不是我自己

我们可以试着静坐几分钟。在这个过程中，你肯定能够觉察到你头脑中升起的无数个念头。然后你会发现，这些念头并不在你的掌握之下，相反你还会很轻易地被它们牵着走。

在这个时候，只要我们静下心来，就会发现这些念头并不是“你”。如果把我们的内心比作一片广阔的蓝天，那么这些念头就只是天空中的浮云。它在我们的内心来去自由，易聚也易散。如果你被它的幻相蒙蔽了，就会觉得这些念头就是你自己，就会被它占据你的灵魂，占领你的身体，从而取代“你”。

这就好比一个演员太过入戏，过于沉浸在自己营造的角色情绪中，就会很容易认为这个角色就是自己，认同这个角色所带有的情绪，从而失去真我。

相反的，如果我们能够觉察到它是虚幻不实的，那么，我们背后那片真实的天空才能显现出来。

2. 要学会正确接纳情绪：“不取于相，如如不动”

当一些坏念头在我们的心里造就了种种幻相之后，会把我们的心搅乱，让我们的情绪无法安宁，我们就会被这些念头欺骗，找不到自己了。

显然，是坏念头把“如如不动”给淹没了。这些念头在我们的头脑里转来转去，给我们制造出一个自我的幻相。

这个时候，我们就要告诉自己，念头只是念头，不是真的我，也不是我真实的想法，更不是现实。

如果你总是困在无穷无尽的情绪里，就什么也干不了。当别人在享受生命的时候，你的时间却都浪费在了和自己的情绪对抗中。

（1）想从虚幻的情绪中挣脱出来，就要学会真正地接纳情绪

接纳情绪，首先意味着“不对抗”。当负面情绪产生的时候，你可以去觉察它，容纳它，任它升腾，直至湮灭。但不要压制它和过于关注它，因为压制和过于关注反而会加强情绪。

在让情绪自然而然生长的同时，更重要的是，我们要把更多的关注放在自己正在做的事情上。也就是说，当负面情绪来临之时，我们除了告诉自己“没关系”以外，要继续做该做的事，今天该完成什么工作就继续完成，哪怕慢一点也没关系，此刻状态不行，那就先做点别的。

而负面情绪呢，别怕，它就像一个顽皮的小孩，看吓不到你，就会自感没趣，然后自己慢慢消失了。

（2）当快被负面情绪淹没时，要学会及时转念

在山上，有一只小鸟，它的翅膀被树枝划伤，受了伤。每当它见到其他小鸟，它都会揭开伤口，告诉别人自己很疼。每一只见到伤口的小鸟都会安慰它，告诉它要怎么去养护这个伤口。

最后，这只小鸟翅膀上的伤口因为反复被揭开，而无法再动弹，它也从此失去了翱翔天空的乐趣。一只阅历丰富的鸟儿听说了这件事，惋惜地说：“它这是自己害了自己。”

可不是吗？在这只小鸟受伤的时候，最需要的是好好休养。但它为了博得同情，不停地把伤口揭开给别人看，不停地向别人诉苦，以期获得别人的同情和理解，好让痛苦能减轻些。殊不知，不停地揭开伤口，不停地回味伤痛，其实就是在自我伤害。

当我们作为局外人来看这个故事，都能够很清楚地看到这只小鸟的愚昧。但试问以一下，有几个人没有试过反复揭开伤疤，不停回忆那些让自己感到痛苦的事呢？所谓当局者迷，有时候我们以为对自己的爱和保护，其实是在伤害自己。

有一句话说得很有道理："既入穷巷，就要及时掉头、及早止损才是。"当我们的人生陷入某一个境地无法再前进的时候，当我们的内心被牵入痛苦的泥沼的时候，我们就要通过转念来调整心态，要明白这个世界上没有不带伤的人，无论什么时候，我们都要相信，真正可以治愈自己的，只有自己。这样，才会让我们的人生重获幸福和成功。

（3）及时转念的关键，是将自我与念头分离

举一个不少人都会遇到的例子。

一早起来，看着还没完成的一堆事情，内心的念头开始表演了：哎呀，这么多事情都解决不好，真烦啊！

这时候，自我问：你很烦吗？

它回答说：是啊，太烦了。

自我说：你是谁呀？你根本不是我，只是我的念头而已！我的衣服，是我吗？我的鞋子是我吗？当然不是，它们只是隶属于

我，是我的，而不是我。虽然你很烦，可是跟我有什么关系，我不烦啊，我很快乐！

通过这样一个过程，就可以把自我和念头拆解开了，原来平时痛苦的时候都是念头起的头，并且它每次都在用这样的句式“我怎么怎么样”，让你以为它真的就是你，其实它越是强调越假，因为它只是属于你的一个念头，却不等于你！

当自我和念头分离了，你就可以看清它的本来模样。它就像天空中的云朵，来去自由，我们只需要以旁观者的身份，看它表演就行了。然后不断地告诉自己，它只是个念头，我才不会上当，你的所思所想与我无关。

当我们遇到工作不顺、经济困窘、婚姻失败等，内心可能就会出现诸多想法：以后肯定成不了更大的事业，赚不到更多的钱，遇不到更好的人。当这些负面的念头来临之时，我们能做的，就是要告诉自己，这些都已经是过去时了，只要我们能够当下转念，就可以不再被念头所控制。

当然，说起来容易做起来难。我们在获得出离心的过程中，很容易在原地转圈，当我们获得了新的感悟之时，可能转眼又会陷入情绪的泥沼中。这都是很正常的，这只是我们涅槃重生的一个过程而已。

二、给心做一点减法

《菜根谭》里有这样一句话："耳根似飙谷投响，过而不留，则是非俱谢；心境如月池浸色，空而不著，则物我两忘。"

这句话的意思是，我们用耳朵根子来听东西，就像狂风呼啸经过山谷造成巨响，却风过无痕，什么都不会留下。人间的是非也是如此，从我们的心上而过，却不需要存留于心。我们内心的境界，应当像明月照在清水之上，空而没有痕迹，这就是所谓物我两忘了。

空谷巨响，过而不留。耳根清净，内心轻盈。如果你不想让烦恼一直纠缠着自己，就要学会给自己的心灵做减法。

你过去所经历的事，就像风过山谷，只留下一点回响，而不会存留在山谷之中。有时候你会觉得风还没有过去，其实是你对风的感受还在心中，是你的情绪还不肯放过过去的一些事，所以，原因并不在外部的世界，而在于你自己不肯放过自己。

人的一生之中，总会有烦恼和痛苦。如果你执迷不悟，非要把所有的是非和烦恼都留在心中，各种烦恼和痛苦就会叠加起来，总有一日，你的内心会不堪重负。所以，我们要学会遗忘，给自己的心做减法，清扫我们的心灵，哪怕是狂风过境，一样可以很快烟消云散。

做人要懂得取舍，只有让那些不值得的东西随风而逝，才能让重要的东西住进心里。

给大家讲一个小故事。古时候，有两个人一起到一座矿山里去捡宝石，其中一个看到喜欢的就捡，捡了满满的一筐。而另一个呢，虽然一路也在捡宝石，但不同的是，当他发现更好的宝石时，都会从筐中挑出一些成色一般的扔掉。最后，筐里只剩下一块他认为价值最高的宝石。

第一个人问他："为什么你只要了一块，其他都扔了？怪可惜的。"他是这么回答的："宝石固然都值钱，但回去的路途太遥远，我只要一块最值钱的就可以了。"

果不出所料，在下山回去的路上，那个捡了满满一筐宝石的人越来越力不从心，为了省下体力，他不得不也学另一个人那样，从筐中不断挑拣较差的宝石扔出去。最终两人回到家的时候，筐里都只剩下一块宝石。

但不同的是，第一个人由于刚开始不舍得放弃，背负着一筐宝石赶路，回到家的时候已经精疲力竭了；而第二个人呢，由于他一开始就懂得取舍，这一路上他都轻松无比。

这样的道理，对于我们的人生同样适用。我们常常会因为舍不得丢弃任何东西，哪怕它们对我们而言毫无用处，而弄得我们疲惫不堪或是背上沉重的心理负担。其原因就是我们不懂得选择的智慧，也很少去衡量为此消耗的心力。常常因为这些事物而想不通，白白浪费了我们宝贵的时间。其实，幸福的生活在于取舍，舍掉一些我们不需要的，才能得到更需要的，不能因为不舍不需要的，而丢失了想要的。

有时候，我们觉得活得太累，是因为想得太多。这都是源于我们潜意识中的渴望和贪婪，想得到更多的东西，害怕自己的利益受到损害，担心自己受到伤害。

那么，怎么样才能不去想太多呢？刚才那个捡宝石的故事已经给了我们启示，那就是要懂得为我们的人生做减法，舍弃一些没有用的东西，保护我们真正想要的。而要做到这一点，在于正确认识我们的心念。只有读懂内心真正的想法，才不会被一些负面的念头牵制，才能知道什么是自己能够舍弃的，什么是自己不能舍弃的。简单地说，就是要学会时时清空心中的杂念，适当地做一点减法，为心做“断舍离”。

什么是“断舍离”呢？就是把一些没有必要的、不合适自己的、已经过时的事物通通丢掉。

如果我们想要自己活得更简单和通透，就要学会给自己的心灵做减法。人生，就是一边舍弃，一边得到。在我们的人生中，总是会遇到很多烦恼和忧虑，如果你事事都记挂在心上，那么内心就会不堪重负。这些事不仅会时时烦扰你，让你感觉“意难平”，而且会常常扰乱你，让你感到越来越烦闷。

不肯舍弃，是一种内心的消耗。有时候想想，其实我们自认为的一些烦恼，不过是庸人自扰。谁消耗你的精神，什么让你的人生走得艰难，那么就要勇敢地与之“断舍离”。也就是说，我们要远离消耗自己的人事物，这样，我们的精神世界才能更加干净和纯粹，我们才能活得更加潇洒和从容。

对于过去发生的事，不必攥着不放手，不要让过去之事虚度了今日的时光。给心灵做“断舍离”，也就是去繁从简，懂得取舍。放下贪心，减少对物质的追求；舍下嗔心，消除嫉妒、抱怨、不甘等负面的情绪。

1. 放下不必要的困扰，减轻心灵负担

为什么你会时常感觉到心累？因为你的心里总是藏着心事，不能放下一些固有的执念，比如一些不能忘记的人和事，而这些人或事可能不会再次出现在自己的生活中。痴迷越深，头脑越累。

凡所有相，皆是虚妄。这个世间所有的事物，我们都要把它当成虚妄的，或许它本来就是虚妄的，只要不执着于它，它就无法伤害我们，我们也就不会产生烦恼。

请大家记住，这个世界上，唯一不能放弃的是你的思想。只有你愿意放过自己，内心才能获得安宁。

2. 清除堵塞感，疏通自己的心路

当你看不清楚前方时，一定是因为有障碍物遮住了你的双眼。同样，当心灵感觉到闭塞时，一定也是因为被某些事物阻

挡了。

在这个时候，我们不应该盲目地指责道路难以行走。障碍不是道路的错，因为我们本可以清除障碍，顺利前进。当你的心被不适堵塞时，不要责怪生活太艰难，因为我们本可以清理灵魂的道路，在清理之后出发。

3. 放弃旧有的想法，并遇见新的自我

一个人的精神空间就像一杯水，其容量有限，如果在这个有限的空间里堆满了太多杂物，怎么也清理不干净，那么就干脆放弃这些想法，不要再沉溺在这些杂念中，让心灵去旅行，寻找那些让自己感到放松的新想法。

总之，我们要记住，舍即是得，有舍才有得。这世间熙熙攘攘，总会有得也有失，不要因为得到就忘乎所以，更不要因为失去而愁眉苦脸。

当下，人们的物质生活非常丰富，很多人表面看起来活得很风光，但实际上，内心深处往往感到疲劳，这就是因为我们在心灵上没有做到“断舍离”。

人要生活得快乐，就要拥有一个简单、明快的心灵。人活于世，总会遇到很多俗事俗人，比如遇见不可理喻的人，或者难以躲避的烦心事、繁杂的人事等，如果我们事事牵肠，心灵不去断舍离，就会感到疲惫不堪。

在我们的心中，往往会留恋一些无用的事物，因为它们曾经

美好过，所以即使现在已蒙上了灰尘，也不舍抛弃。但大家要明白，这些对当下来说已经毫无意义的事物，就像堆放在家里的旧物品，不仅对生活没有帮助，反而会成为心灵的负担。我们要从旧的事物中走出来，像重获新生那样去生活，才能体验到生活的乐趣。如果你总执着于过去的阴影，那么你的未来也必定是灰暗的。大道至简，人生到了一定程度一定要学会给自己的心做减法。

冯骥才曾说过：“人的力量主要还是要在自己的身上寻找，别人给你的力量不能持久，从自己身上找到的力量，再灌注到自己身上，才会受用终身。”

遇到伤害，沉浸在痛苦中不能自拔，总想借助别人的力量拯救自己，而别人能给的仅仅是安慰，一遍又一遍地回忆痛苦，只会消耗自己的生命。

如果想要获得真正的出离心，仅仅靠理论是不够的，最重要的是要学会舍弃让我们烦恼和痛苦的根源——愚昧之心。

你想要获得一些什么东西，那就先给出些什么东西。想要做自己情绪的主人，获得真正的快乐，就要通过舍弃愚昧之心来得到出离。

三、心明净，乐无忧

“身是菩提树，心为明镜台。明镜本清净，何处染尘埃！”我们的心就像一方纯净的池塘，原本是清澈见底的，而愚昧就像掉落在池塘之上的尘埃，它能让池塘变得浑浊不堪，让我们再也看不到池底欢快嬉戏的鱼群。它遮住了我们的双眼，掩埋了所有真相。

如果一个人连心都愚昧了，那么人生肯定也不会幸福，事业更是和成功无缘。愚昧之心会让我们做事犹豫不决，害怕做决定，做一件事情总喜欢拖到无法再拖，才匆匆忙忙去完成。而且在事情没完成之前，心里一直惦记着，导致做其他事情的时候也很难集中注意力，效率低下。由此内心会产生强烈的负罪感和焦虑感，明明没做什么，却身心俱疲。

这样的人，想得多胜过做得多。在有限的认知里，看到别人付出了努力，可一样还没有成功，因此宁愿内心幻想自己很优秀，什么都不去做。长期下来，就会变得缺乏对工作和生活的热忱与行动力。

要想从无用的念头、杂事的羁绊中摆脱出来，放下烦恼，获得快乐，就要舍弃愚昧之心。怎么摆脱愚昧之心呢？俗话说“境随心转”，想摆脱愚昧之心，就要从修心开始做起。

1. 常清醒心灵，才能不忘初心

只有当我们的心清醒时，才能拥有明辨是非的能力，才能懂得进退。

“清心”最关键的地方，是要求我们做人要有底线和明确的原则，坚定我们的信仰，捍卫我们的良知，不为微利而短视，也不为虚名的光环而急功近利。在大部分事情上，我们不仅要学会知足，还要懂得忍耐。不短视，不自满，才能始终保持信念，保持初衷。

2. 时时洗心田，何处惹尘埃

古人云：“苟日新，日日新，又日新。”每一日，我们都要及时地去清理心中的垃圾，不断用高尚的思想和情感充盈内心。

“洗心”的方法有很多。首先，可以通过阅读有益的诗歌和书籍，来丰富我们的心灵，从而重塑我们的灵魂，净化灵魂。其次，也可以通过向品德高尚、拥有智慧的朋友学习，来提升我们的精神和活力。此外，还可以参加各种社会活动，比如参观画展、做志愿者等来净化和升华我们的心灵。

3. 用爱回馈自己的心，才能以正念驱赶愚昧

有时候，我们会感受到自己的心不像是自己的，它好像愚昧得让自己都认不出来了。这个时候，我们不要去责怪它，当我们的心灵被愚昧占据之时，它也很痛苦，我们要用爱去理解它，用耐性去抚慰它，用正念去浇灌它。

当我们的心灵每一次感受到痛苦，其实都是对我们的考验。我们必须以吃苦的心态，去实践我们的思想，与艰难困苦做斗争，在艰难困苦中求幸福。因为，艰难困苦总是与生活中的甜蜜密不可分的。只有以吃苦的心态，去直面和忍受心灵的痛苦，才能看清楚它到底因为什么而痛苦。有些时候，我们会感到很奇怪，明明自己已经放下了某件事，为什么还是会感到痛苦呢？那是因为你找错了痛苦的因，“解铃还须系铃人”，只有找对了因，才能知道要怎么去抚慰它。也只有一次次地让它攻击你的心，一次次地用耐性去操练它，用信念去克服它，才能在痛苦中淬炼出甜蜜。而通过反复的练习，反复地用信念去打败杂念，我们的心才能越来越清朗，头脑越来越清醒。

无论你现在的生活怎么样，在这个多样性、变化性、矛盾性和需求性的社会生态中，你都需要始终保持耐心、冷静、认真和细致，才能有一个宽广的胸怀，和一颗温热而愉悦的心。

万般种种源于心，根植于心，始于心。人们习惯了从外去寻求快乐，但其实只有紧紧抓住我们自己的心，才能体会到真正的

快乐。我们要持之以恒地修磨自己的心，才能够让它摆脱愚昧的烦扰。

房间内有一扇没上锁的门，是向内打开的，如果我们总是试图把门向外推，那么就会一直被困在这个原本没有上锁的房间里。

所以，舍弃愚昧之心的前提是，认清自己真实的内心，不要被一些负面的念头所困扰。

（1）找到“自己”

在建立自己完整的价值观之前，需要清楚自己想要什么、不想要什么。但正如我们前面说的，很多时候，我们的内心中有无数幻相，这些幻相很善于伪装，也很擅长掌控我们的思想。如果你连哪个是真正的自己都不知道，又怎能去想清楚自己想要什么、不想要什么呢？

找到自我的关键，在于接纳自我。有人说，爱是一种信仰，爱自己也是。只有接纳真实的自己，看到自己的优点，原谅自己的缺点，才能看清楚自己想要的是什么。但很多时候，我们会陷入误区，以为接纳就意味着自我说服、压抑、忍耐……这些通过控制行为的虚假接纳，结果只会是无休止的内斗。真正的接纳是没有评判、否定、安慰、压抑、漠视，是完全接受那个“做不到的自己”，然后尽全力朝着能够做到的方向去努力，愿意对自己的决定负责。

只有接纳了内心的自己，才能看清楚自己心中真正的信仰。

当我们的内心有清晰而坚定的信念与价值观，在面对生活和工作中的各种选择时，就不会被心中的杂念、那些飘浮在空中的幻相所困扰，就能更从容淡定地取舍，减少烦恼。

一个内心笃定的人，就不会被伪装成“我”的幻相所掌控，无论这个幻相用尽多少力气来说服我们，只要我们足够坚信自己，足够爱自己，那么我们就能够看清它的真面目。

同时，内心笃定也能够让我们不那么容易受他人影响和干扰。比如同事经常用领导的语气给你布置你职责范围之外的工作，你觉得对方不尊重你，没有修养，心里很生气想拒绝，但是又害怕对方会不爽或者觉得你没有人情味。当我们犹豫是要坚持自己的价值观还是向同事妥协的时候，如果能够很清楚地认识到自己与对方价值观上存在的差异，就不会因此而感到困扰，产生自我怀疑或内疚等情绪，也不会因为对方的行为而产生愤怒，我们才能头脑清醒地以体面的方式委婉拒绝，毕竟别人涵养不够只是其价值观的问题，我们没必要因此和对方产生争吵或纠纷。这样，很多人际关系上的矛盾就能避免了。

（2）说一千遍，不如干一遍

行动是减少内耗的有效方式之一。我们很容易对过去和未来太过在意，而忽略了当下的行动。但无论这件事情给你带来的是犹豫、焦虑抑或是恐惧，只要付出行动，内心的负面情绪就会大大减弱。

研究表明，人对于过去产生的后悔，来源于曾经没做过什么多过于曾经做过了什么。同时，人也只有在更接近目标期限的时候，才能集中精力去完成，这也是所谓“期限效应”。

要完成一项目标，不妨将它分成一个个阶段性的小任务，给每个阶段性任务设置奖励，就像打游戏通关一样，每过一关就能拿到通关奖励，这也可以促使我们更加积极地行动，进而减少心里的损耗。

（3）活在当下，摆脱过去的晦暗

有人曾慕名到一座名山里向大师求教，自己总是被无穷无尽的烦恼所困扰，饭吃不下，工作也没心思干，要怎么做才能摆脱杂念，活得轻松快乐呢？大师告诉他，很简单，吃饭就吃饭，工作就工作。

那人不解，又问：“什么意思呢？”大师耐心地给他做了解释：吃饭的时候，就专心吃饭，用心去体会这个菜的滋味、那碗汤的温暖；工作的时候，就专心工作，思考这个文件要怎么写才更好、那个活动方案要怎么规划才有用，而不要去想别的事情。

大师的意思，就是要我们专注于当下的事，参透“活在当下”的内涵。很多人明明在吃饭，脑子里却在思考忧虑着别的事，根本无心吃饭，影响胃口。长此以往，身体会慢慢垮掉，精神也被慢慢消磨，在这种心浮气躁之下更是难以做好事情。

既然是心忙惯了，就要慢慢止住这种惯性。如何止住？做任何事，就努力安下心来踏踏实实地做，不胡思乱想，不焦虑纠结。如此则不仅精神能得安宁，事情也更容易做好。这就是“收摄”，需要练习和慢慢来，日久自见功夫。

闭门造车、追求完美、总是迟疑与犹豫的人，做事情不仅很难取得大的成就，还往往会因为做事遇到瓶颈而陷入焦虑与内耗之中。

懂得与他人合作，了解受众的需求，敢于去试错，才能够打开你的思路，为你与成功之间打通一条通道。注重底层逻辑，才能够更有效率地解决问题。

通过这一章的分享，相信聪明的你一定能有所感悟。

不管我们过去背负着多少烦恼和无奈，过去已然成为过去，浪费的时光也无法挽回，我们就从当下开始，时刻关注自己的心田，不要让自己的心长满杂草。

要做到这一点并不容易，因为“野火烧不尽，春风吹又生”。但我们只要懂得在心田里种满我们需要的农作物，这样杂草就没有生存的空间。这些农作物就是所有正向的念头。在我们的心田里，野草和快乐的种子，你浇灌哪一个，哪一个就会长大。

我们要记住，人这一生，最难得的是“通透”。如果不懂得为自己的心做减法，用一颗平凡的心去面对杂念，你就会时不时地被这些烦恼困扰。

不要纠缠于过去，过去无法追溯，抱怨和悔恨是没有好处的，只会增加麻烦。不纠缠意味着不让各种各样的人和事影响你的情绪、占用你的时间，不要为小事而烦恼。现实生活中许多无关紧要的事情就像鞋里的沙子，扼杀了人们的意志，最明智的方法就是不要去过分关注，没有纠缠，让心灵学会翻开新的一页，它会变得更简单、更舒适。

真正清醒的人，知道他们想要什么，所以他们会朝着自己的目标前进，不会分心，也不会被愚昧之心所牵制。越是这样的人，就越不会与坏人坏事纠缠在一起，越不会为过去的经历而担心得失，越不会在琐事上浪费时间。

有人曾说："一个人放下的越多，越富有。"你愿意舍下的越多，你得到的就越多。毕竟每一个人只有一颗心，若你用它装满烦恼，那么就没有地方容纳快乐；若你用它盛满痛苦，那么就无法体会幸福。

人生的快乐和幸福，其实与物质的多少无关，它只存在于我们的内心。只有内心清净明亮，才能享受轻松的人生。

往后余生，愿你常怀一颗平常心，得之坦然，失之淡然，从容面对所有。

第三章　以舍取义

“有一分热，发一分光，就令萤火一般，也可以在黑暗里发一点光，不必等候炬火。此后如竟没有炬火：我便是唯一的光。”

不知道你们有没有过这样的人生时刻？在平常的日子里，会突然有一些感受袭上心头，在心里翻江倒海，然后自己叩问自己一些问题，比如我已经这么一把年纪了，我到底做了些什么、我到底想要什么、我到底为什么活着，这些问题往往会让我们有一种无力感，而我们只能任由这种无言的恐慌，慢慢袭上心头。久而久之，就失去了志气和思考的能力，最后屈服于现实，浑浑噩噩度日。

相信每一个人的童年都充满理想和抱负，到底是什么让我们在成年之后丧失了这些美好的想法呢？

很多人都像陀螺一样不停地转，疲于奔命，却不知道自己追求的到底是什么，纵然找了无数个看似合理的答案，最后又全然被推翻。纵使我们已经拥有了很多，但还是找不到活着的意义，这是为什么呢？

其实，人生所求，不过是内心深处的一点安然，是那种为了心中的理想拼尽全力的感受。

人生的意义，或许就是心中的“义”吧。义是指导我们追求理想的灯塔，心中没有光的人，即使坐在多么豪华的大船里，也很容易迷失人生方向，甚至还可能陷入漩涡。一个心中有义的人，才能找到自己的理想和信念，才能活得有尊严，实现生命的价值。如果心中没有大义，就没有信仰来指引我们的人生。大义不一定是要我们舍生取义，不是只有拯救苍生的才叫英雄，只要我们心中拥有大义，就能成为照亮一方的英雄。

心中有大义，人生不轻薄。只要你想，每一个人都可以成为照亮自己生命的光。你信仰什么，生命便具有何种意义。大义凛然的人，总是能活得坦坦荡荡，他们心中的光会让他们摆脱浑噩和麻木，给他们带来源源不断的动力，突破所有困难和险阻，拼尽全力去前进，直至实现人生的理想。

愿我们都能摆脱浑噩与麻木，只是向前看、向上走，做能做的事、发能发的光，以自己微薄的力量点燃一方热火。

一、义是燎原之火

孟子曾说：“鱼，我所欲也；熊掌，亦我所欲也；二者不可得兼，舍鱼而取熊掌者也。生，亦我所欲也；义，亦我所欲也；二者不可得兼，舍生而取义者也。”

如何去理解义？

古人造字充满了智慧，字的形象便能很好地诠释它的含义。义的繁体字包括“我”和“羊”两部分。在古代，羊是用来崇拜神灵和天地的动物，同时，它还有另外一个含义，即善良、吉祥和美丽。而“我”在“羊”下面，意味着奉献精神。从义这个字的整体角度来看，我们可以理解为义是对他人的奉献和体谅，由此可延伸为，为公平（信仰）而战也是正义的，因此，义又可以被解释成一种信仰、理想和信念。

义是中国传统文化中一个非常重要的概念。孟子认为义是一个君子必须做的事情。孔子高度评价义，他主张“君子以义为本，君子勇而不义”是“混沌”，君子凡事以义为前提，恶人凡事以利为本。义不仅是一个人的基本要求，也是一个人必须达到的美德素养。

从广义上来讲，一切奉献和牺牲的行为都可以称为“正义行为”，也就是所谓“义举”。世上没有哪一种信仰是无源之水、无本之木。没有奉献品格和牺牲精神，可千万别奢谈什么义。

一位名人曾经说过，世界上只有两种东西是永恒不变的，一个是给我们带来光明的太阳和月亮，一个是点亮我们内心之火的高贵信仰，也就是我们心中的义。

心中的义不仅能点亮我们内心的信仰，还能给一个国家和民族带来希望。如若我们人人都能找到自己内心的信仰，那么便有无数的热烈燃烧着的火种，这些火种能划破长空，释放无量光明。

心中的义还能带领我们找到真实的自己。一个有真正信仰的人是追求真理的人，而真理是我们生活的底色。人生的成功之路取决于我们自己，世界上没有一帆风顺的事，只有坚定的信仰才能帮助我们克服生活中的困难。

心中有信仰的人，在成功的时候不会得意忘形，也不会忘乎所以，在失败的时候也不会气馁，更不会怨天尤人。义能让我们不怕失败，不言放弃。

而每一个拥有信仰的人，也会更加地自爱。当我们身处困境时、当我们面对诱惑时，只要我们足够自爱、足够清醒，就能够始终坚信自我的价值，就不会自甘堕落。

最重要的是，心中的义能赋予我们真正的快乐。有义之人比较容易幸福，因为他们的思想和灵魂有所皈依。虽然信仰中的道德规范在一定程度上束缚了人们的自由，但这种受限制的自由是人们的自愿选择，因此，这就不能算是一种约束，而是一种自律。

相反，如果一个人心中没有正义，他就不知道自己为什么活着、想做些什么，心里就会比较浮躁。浮躁的人和没有正确信仰的人是可怕的，他们对生命没有敬畏，也不懂得约束自己。只有有了信仰，对生命才能有所敬畏、有所取舍。在人世间，就连一棵小树尚知用绿黄更替来证明它们的存在，而没有信仰的人，只是空来这繁华的人间转一圈，用空洞的眼神表达着他对生命意义的疑惑。

你有没有发现，在我们的身边，有一些人过去曾经很友善，但不知怎么的，他们开始慢慢变坏，甚至和以前判若两人。而这些人，往往都是没有信仰的人。人在成长的过程中，都会遇到各种不如意的事情，如果一个人没有美好和向上的信念，无法坚持自己的信仰，那么他就很容易误入歧途。

由此可见，义的力量是多么的大，它是人们应对生活考验时最有力的法宝。人只有在有了自己的信仰后才能找到自己的人生方向。当我们有了自己的正向信念时，就应该坚持它、守住它，而不应被外物所影响，以自己的信念作为人生的准则，遇到再坎坷的道路也就不会走偏了。

可以这么说，人没有信念就好比一棵没有了根的树，树没有根就会濒临枯萎，风轻轻地一吹就可能倒地不起了。树如此，人又何尝不是呢？人类之所以能走上食物链的顶端，除了拥有智慧以外，更重要的是因为懂得取舍，选择了正确的道路并且坚定不移地走下去，才有了今天。

二、点燃内心的火种

“苔花如米小，也学牡丹开。”苔花纵然生长在阳光照不到的背阴处，纵然生来渺小，也要绚烂地绽放。

其实，在我们每一个人的心里，都有一颗火种，它生来就该成为光明之火，但如果我们不去点燃它，那么它便会被淹没在无边的黑夜中。

我们要学习苔花向往阳光的志气，即使再艰难曲折，也要顽强不屈地钻到地面上来。不要因为自己渺小就放弃崇高的理想，也不要因为自己平凡就不敢立下远大的志向。要知道，只有信仰才能给我们以傲骨，也只有信仰才能让我们免于平庸，没有人有理由去嘲笑一个志向高远的人。

只有怀有信仰，才能成就一番事业。即使你是一名普通的工人，但只要以“匠心”精神为信仰，也有可能成为大国工匠。即使你长期坚守在默默无闻的岗位上，但只要有信仰，也能在平凡的岗位上成就非凡的事业。

当心中的那个火种被点燃之时，便会成为燎原之火，永不熄灭。

1. 信仰，决定一个人的命运

“燎原之火，生于荧荧。怀山之水，漏于涓涓。”烈火皆起于微风，江海皆源于细流。要想要点燃内心的火种，首先要找到乘风而起的动力。我们要借助信仰之势，乘风燃起。

人的信仰在很大程度上决定了一个人的命运，但只有正确的信仰才能被称之为义，以它为指导思想，才能做出正确的选择。

如果有人的信仰是金钱，那么他就会将金钱奉为所有行动的准则，而这样做的后果就是很容易让金钱湮灭了人性。俗话说“君子爱财，取之有道”，人只有找到正确的信仰，才不敢在世界上留下任何违背道德和伦理的行径，心灵才能慢慢地在苦难的生活里被升华。

人来到这个世上，都在为自己的信仰活着。信仰就是悬挂在人生这条路上的一盏明灯，它能够将上苍赋予我们的自然生命塑造并升华成具有高尚品格和坚定意志的精神生命。

自古以来，为了心中的正义，牺牲自己生命的英雄有很多。比如说清末的谭嗣同，在“戊戌变法”失败之后，有人让他赶紧逃到国外，他并没有这么做。他认为外国人在面对变法的时候都可以慷慨就义、勇于牺牲，中国人为什么不可以呢？既然中国还没有人因为变法而牺牲，那就他来做第一个牺牲者吧！

可见，发自内心的信仰，能够赐予人力量与勇气。危急情形下，信仰支撑我们坚定；严峻困难面前，信仰促使我们顽强。信仰可以给人带来积极向上的力量，我们应该用信仰净化心灵，以信仰铸就辉煌，靠信仰实现梦想，谱写出人生的壮美诗章。

在日常的工作中，企业经营者也会比较看重那些心中有义之人。聪明的企业经营者把人性看得非常透彻，他们在提拔一个人的时候，并不会把他过去的成绩放在第一位，而是着重在这个人的自身品质上进行考察。在技术和经验相差不大的情况下，他们更倾向于把晋升机会给予有信仰的人，而不是拥有更多技术和经验的人身上。因为他们的衡量标准不是这个人已经得到了什么成绩，而是他还有多少潜在的发展空间。

只有拥有信仰的人，才会不断地充实和完善自己，好让自己的理想之火更加旺盛。如果一个人一直捍卫着自己的理想，那么他必然是优秀出色的人。相反，那些听之任之，没过多久理想之火就已经渐渐熄灭的人，永远也不会取得好的成绩。

2. 乘胜追击，才能使内心之火永不熄灭

如果你只有理想，而不去将自己的计划或目标付诸实践，那么，就算是再坚定的决心、再坚强的意志也不会让事情取得半点进展。很多人在年轻的时候都有过远大的志向，但是他们并没有拿出什么实际行动来支持自己的理想，等到年老之时，便也就成了碌碌无为之人。

有信仰却不为此付出行动，就好比你站在体育场旁边一直看

着那些健身器材，然而你永远不会因此而变得强壮。只有当你使用这些健身器材时，才能够锻炼你的身体。同样，你只有实实在在地去做一件事情，你的各种品格才会得到发展，你的信仰才能够成为你前进的力量。

未付诸实际行动的理想就像是未得到应用的知识。在许多年轻人看来，只有知识才能保证他们的进步，然而，知识只有在应用时才能真正转化为力量，否则，它就可能永远存在于你的记忆中，除非你完全消化它们，并通过练习使其成为你自己的一部分。

因此，一旦我们下定决心，就应该立即行动起来，不要让时间冷却你的理想。拖延的习惯是创造力的宿敌，它能够打消我们立即采取行动的决心，并随着时间的推移逐渐拉大我们与成功之间的差距。我们越害怕困难，困难就会越大。

一旦理想偃旗息鼓，人们做事的能力就会因为搁置而麻木。随着年龄的增长，理想就成为一座不可逾越的山峰。如果我们不时刻提醒自己，那么年龄越大，理想就越渺茫，热情就会逐渐耗散，直至有一天消失殆尽。

3. 在前进的道路上，要坚守自己的信仰

一个人除了要有正确的信念以外，还要有坚定的信心。信念是指引我们走向成功的灯塔，而坚定的信心则是到达人生巅峰的动力。想要获得光明的未来，除了自我完善、自立以外，还要有

“咬定青山不放松”的毅力。在人生的道路上，打败我们的往往不是别人，而是我们自己。

此外，在实现理想之后，我们也不能懈怠。很多时候，让人获得更大成就的敌人，就是不再努力的自己。一个年轻人处在对自己的未来不确定的情况下，他会去奋力拼搏，因为他无法肯定自己的力量和实践动手能力。当他处于为自己的未来打拼之时，他永远不会松懈自己的努力。

对于想要成为有义之人者而言，更稀有的品质，那便是当他获得了巨大的成就之后、获得了一定的社会地位之后，仍然能够像原来那样坚持不懈、全力以赴。

很多人在获得成功之后，就放弃了对义的追求，比如：艺术家很难超越他们的著名作品；作家无法超越他们的成名作；律师在成功赢得了第一场重大诉讼后，就无法再保持这种势头；等等。如果没有不懈的努力，就没有源源不断的成功。

崇高的人生目标，和坚持理想同样重要。它们是保持人们健康和年轻的有力武器，只有永远心怀信仰，我们的头脑才是充实的，我们的生命才能保持活力。

但如果你本身就是一个缺乏毅力的人，该怎么去坚信自己的信仰呢？

第一，要树立坚定的信心，做自己的信徒。

信心是产生毅力的前提。一个人对自己的事业充满信心，才会努力奋斗，不会被心中偶尔升起的疑惑所打败，才能积极地克服困难、挫折和失败。若信心不足，遇到困难、挫折和失败，就很容易退缩。

第二，要找到能产生强烈愿望的信仰。

有了心之所向，就会有身之所往，才能让我们全力以赴。愿望是人们行动的出发点，一切活动都发源于愿望。如果一件事你想要实现它的愿望很弱，那么它就不能算是你的信仰，因为弱小的愿望火苗很容易被风浪熄灭，它不足以支撑我们走过实现理想的漫长旅途。为什么有些人的信仰这么容易被瓦解？就是因为他们的愿望不够强烈，这也想要，那也想要，只要对某样事物产生一点点念头，就误将它当成自己的信仰。这种“信仰”又怎么能持久呢？

要记住，只有那些让你产生强烈愿望的信仰，才可以给你强大的力量去抵挡生活中的风浪。什么才是能够产生强烈愿望的信仰呢？你可以试想一下，如果有来生，你最想要的是什么，还会不会有同样的愿望？如果某样愿望能让你生生世世都深信不疑，那么它就是你的信仰。比如“我尚能生存，我当然要学习”等，这就是强烈的愿望。

因此，顽强的毅力是与强烈的愿望联系在一起的。要想成功，必须有强烈的成功愿望，要想富有，必须有强烈的致富愿望，这样当你行动时才会产生极大的毅力。

第三，把理想转化成明确的目标。

有了明确的目标，人们的行动就会有方向，目标对于你就会有强大而稳定的吸引力。虽然有些人对财富和成就充满渴望，但他们缺乏明确的目标来表达和反映这种渴望，无法产生有效的吸引力，也无法将思想和行动集中在固定的目标上，工作效率低下，随着时间的推移，就很容易失去毅力和信心。明确而具体的目标能够极大地增强人们的毅力，这主要是源于行动的效率和目标的吸引力。

此外，目标的价值大小也与毅力有关。有些目标没有多大价值，或者根本没有价值，所以人们没有太多的热情去实现它，在做事时就很难有毅力。因此，在做一件事之前，我们必须清楚它的价值大小，要尽量选择那些有长期价值的去做，这样，我们就会对自己的目标充满热情，从而确保坚持不懈。

第四，按计划行事。

只有为目标制订实施计划，人们才能按照计划行事，否则，就可能会对目标感到困惑。有了一个计划，先做什么，后做什么，经过精心策划，一切都会井然有序，工作效率高，人们对自己的工作也会充满信心和毅力。

第五，以爬山的心态去走好每一步。

有了计划之后，必须采取积极的行动。就像爬山一样，不要一看到眼前高耸入云的山峰，就畏缩不前，我们唯一能做的就是在选择攀爬方式后立即采取行动，只有行动才能缩短攀登到山顶的距离。如果多走一步，就会更有信心和毅力；再走一步，就会有更多的成功机会。不要想着我们最终能否登顶，只要告诉自己：走，继续走。多走一步，我们就离山顶更近。

总的来说，有义之人必定是“信道不笃”的人，他们把义作为一种信仰，虔诚地奉为真理，用它来指导自己的一切言行举止。但如果没有坚定的信念，是不可能长久地坚守这个道的。比如苏武，如果没有对国家的无限忠诚和牢不可破的坚定信念，怎么能在饥饿严寒的环境中熬得过漫长的岁月？

誓死不屈其志，正是笃信义的表现。但是，有时候我们明明知道这样做是对的，到真正处理事情的时候，却因为一时的私欲恶念或者虚幻的杂念，往往就动摇了自己的信念。这种情况就是浑噩之心在作祟。如果我们不能舍弃浑噩之心，就可能会怀疑、动摇，甚至会放弃道而改弦易辙。所以，想要获得光明的前途，最重要的就是克服消极心理，舍弃浑噩之心。

三、心苏醒，光明现

心态决定了我们能看到怎样的世界，如果想要获得光明的世界，就需要让心灵获得苏醒，当我们的心灵苏醒之后，它就不会再陷入无知而浑噩的状态。

苏醒的心灵是无价的，生活将从那时起彻底为之改变。而在心灵苏醒之前，我们往往无法意识到自己的平庸。世界上最可怕的事情是什么？是浑噩度日，不知道自己有什么信念。没有信念的人，就无法拥有光明的未来。

浑噩就是丧失深度觉知能力，丧失机智行为动机，就仿佛一个机器人一样被某种系统自动操控。这个系统可能是社会规则，可能是他人评述，也可能是固有的一些观念。总之，浑噩的人，无法控制自己的命运、情绪、未来，甚至无法觉知到自己的存在。

1. 浑噩让人“不见天日”

无论你的天赋有多么出众，如果你不发扬它，它最终也会消失。这种“不进则退”的自然法则随处可见。一棵橘子树，即使它的果实再甘甜多汁，如果完全被人无视，任由杂草和灌木在周围生长，并从土壤中获取养分，几年后它也会退化为野生状态。

世间万物都和这棵橘子树一样，人类也不例外。即使我们的各种心理功能已经高度发达，但如果我们不能充分利用它们并从他人那里接收各种信息，总是放弃自己，那么随着时间的推移，我们将很快倒退，甚至回到原始的水平。

有一位在大学时代成绩优异的学生，曾是同学当中衣着、举止和仪态方面的典范，但毕业几年之后，当同学们再见到他的时候，在他的身上却找不到一点过去上大学时的痕迹。他的头发又长又乱，脸上长满了胡须，衣服破旧，言行举止让人感觉恍如隔世。这时的他，早已失去了大学时代的风采，曾经身上的独特气质也消失殆尽。

到底是什么造成了这种情况呢？原来，他毕业后，回到家乡一个落后而破旧的农场，投身于农场的工作。在这样一个环境之下，他心里不再有任何向上发展的意图，也不愿再进一步提高自己的知识，他几乎与整个社会隔绝了，整天都在忙于农场的杂事。当然，他昔日的理想也不复存在，面对自己和老同学在相貌、生活水平、精神面貌和思想境界上的巨大差异，他一点也没有感到悲伤和尴尬。

有的时候，我们的理想会沉睡，就像在它的上面覆盖了一层薄膜，使之与新鲜事物隔绝，令人们生活在浑噩度日的环境中，这里有许多有毒而诱人的东西都在随时等待着，伺机将我们拖下水。但很少有人意识到这些东西多么有害，它们会削弱一个人的野心，降低一个人的生活水平。

比如，每年都有无数年轻人怀着接受教育的热情进入大学，大部分人读书的时候都很努力地创造属于自己的成绩，但有些学生毕业后就会放松下来，他们认为自己已经完成了学业，却没有意识到需要学习的地方还有很多。他们高估了自己的学识和能力，在忙碌的工作和生活中放弃了进一步的学习，这样日复一日，就会变得浑浑噩噩，最终一事无成。

虽然他们也曾怀有崇高的热情和理想，但这些热情和理想在现实生活的困难面前不知不觉地消退了，心中的光明也逐渐被侵蚀掉。这一变化是如此之小，以至于很多人都察觉不到自己正在走下坡路。虽然他们相信自己的未来会更好，但他们并没有为此做出任何努力。他们让理想随风而逝，让自己的未来逐渐远离了光明。

当然，你肯定永远不想成为他们中的一员。但是，我们毕竟身处世俗之中，面对生活，只持有乐观的态度是远远不够的，还需要有理想的支撑。世界上最危险的情况是，一个人任由自己滑入深渊，而不是试图拯救自己，试图爬上去。没有任何人能够帮助那些自甘堕落的人，而唯有理想是一架可以帮助我们爬上去的梯子。

2. 从浑噩中苏醒

没有目标的公司会遇到发展瓶颈；没有目标的人注定要在混乱中度过一生。

大多数人都有一些阶段性的目标，比如考入大学、赚钱买车买房等，这些阶段性目标往往侧重于物质生活的满足，而缺乏对生活境界的追求。

信仰是我们内心深处的一种极端渴望，是生命力量的源泉，它有不可战胜的力量。信仰的建立不仅会给我们带来激情，还会给我们的心灵注入持久的力量。它发自我们的心底，驱使我们坚定不移地实现一件事。

一个孩子会有很多理想——成为科学家、成为画家、成为医生等，但很难将它们落实到实际行动中；每个成年人都希望事业和家庭双丰收，却往往没有力量去实现。那些所谓理想只是概念，而不是信念。概念是人们头脑中突然产生的想法，如昙花一现，不会持续太久。信仰来自内心的渴望，它会给予我们采取行动的力量。大多数人的生活是平庸的，因为他们的头脑中只有概念，心中缺乏信念，所以成功属于少数人。

“我将成为什么样的人？”

“我想领导公司和员工走向何方？”

这就是信仰体系。

一旦信仰体系建立起来，人们内心的热情就会被点燃，像“金刚”一样无敌，破除一切烦恼。

3. 信念用在哪里，哪里就会开花结果

不管我们生来多么平凡，还是要抬起头来。不要害怕树立远大的目标，我们要把眼睛看向更远的天空；不能因为他人的嘲笑，就轻易放弃自己多年的追求。他们要笑就由他们笑，如果你因为他人的嘲笑就放弃信念，那么你便是背叛自己的叛徒。嘲笑你的人重要吗？不重要！如果你为了生命中一个过客的嘲笑而背叛自己，是非常愚昧的行为。

一个人要想摆脱愚昧，最重要的是他必须有明确的目标和坚定的决心。无论遇到什么样的障碍，他都必须有勇气和毅力，永不放弃自己的目标。这是实现成功和完整人生不可或缺的。

如果初秋时到山上的果园去游玩，常常能发现一个现象：大

量未成熟的果实掉落一地，远远望去，就像干枯的秋叶，在慢慢地与大地相融，等待着来年的重生。

这些果实因为无法再吸收树液从根部输送的养分，最终被大树所抛弃，还没成熟便掉了下来。如果我们的心被浑噩占领，失去了雄心壮志，那么我们便会如同这些停止生长的果实一样，白费一年的光阴。即使你来年从头再来，但浑噩度日的人，也不一定能改写人生，只会浪费一年又一年的时光。

生活中最可悲的事情之一就是我们的理想逐渐模糊，失去了人生目标。我们每一个人都是怀着对未来的憧憬踏上了人生的旅途，然而，生活中日复一日无法改变的烦恼和琐事，常常会使我们的理想黯淡，精神逐渐丧失，精力消耗殆尽，激情冷却。

因此，我们需要不断培植向上的能力，对自己的信念给以更多的关注、保护和培养，相信总有一天它会开花结果。

4. 加强心念，培植信念

如果你的心念不够积极和持久，它就会崩溃，尤其是当你处于抑郁阶段时。你应该通过各种方式加强和支持它。

如果你在一家跨国公司工作，你就必须下定决心成为一名优秀的商人，并随时准备成为雇主的合伙人。这是一个从下到上实现抱负的完美方式。如果你心中一直有这样的信念，虽然你现在只是一名普通员工，但总有一天，你的名字会出现在这家公司的合伙人名单上。这个信念是你的目标，你会为此而努力。

当然，你的名字将来是否会出现在合伙人名单上并不重要，因为在追求这个目标的过程中，你会得到锻炼，为其他事情做好准备，从而收获同样甚至更好的结果。无论未来发生什么，有雄心壮志准备成为合作伙伴都是你追求发展的最佳方式。就像登山一样，我们必须保持自己的双眼盯着目标前进，永远不要偏离它。我们要在脑海中不断地思考自己想要什么，并尽己所能为之付出代价。

无论你打算从事什么行业，都应该把目标定在最高的位置。你必须让自己成为业内一流的员工，找到始终支持自己的动力，这可以激发你的雄心壮志，满足你的进取精神。你会发现，就像演员在舞台上扮演角色一样，模仿一些志存高远的人对你很有帮助。我们应该在其他人面前表现出某种使命感，这样做会让你以极大的热情和兴趣对待工作和生活，并向每个人展示自己的自信。

在工作中，你应该下定决心一天比一天更好，告诉自己你正在走向成功，让自己在体力、思想和士气上保持成功的标准，确保自己不断自我完善的精神不会受到负面影响。一定要密切关注自己是否有倒退、降低标准或任何损害你的价值的迹象，哪怕是一点点，也要坚决地纠正过来。如果你始终将自己的信念保持在一个更高的境界，那么你的雄心壮志将永不褪色。

有一个在商界很有名的人，他已经取得了一定的地位。从很小的时候起，他就开始用循序渐进的方法来确立自己的目标。他每天都会与自己进行一次心与心的对话，并推动自己前进，直到达到最高水平。

这位成功人士的许多成就都源于早年养成的习惯——坚持不懈地敦促自己，尽可能地发挥自己的能力。他相信并一直激励自己，他是一个有着光明未来的人，在未来一定能够承担重大责任。他说，如果他不能跟上自己的理想，不能持续激励自己，为自己不断地设定新的目标，那么几个月后，理想可能就会消失了。

5. 找到适合自己终生奋斗的事业

有人说："找到适合自己工作的人是幸运的人，他会因此而别无他求，因为他的生活中已经有了追求的目标，并紧紧追随其后。"

如果你找到了一份愿意毕生致力的工作，并且把你所有的精力都投入其中，决不允许你的雄心壮志有丝毫动摇，也决不允许任何障碍影响你的热情或改变你的初衷，那么就没有什么能阻碍你的成功。

然而，并不是每个人都可以轻松地决定自己的终身职业。最近，有一个年轻人对这个问题感到困惑，不知道如何做决定，他给我来信说，"如果我面前有一个明确的目标，我知道我能够实现它。但我认为，像我这样的人要想找到真正适合我的东西，比成功实现我确定的目标更困难。我相信，在这方面，有成千上万的年轻人需要帮助。”

许多年轻人已经大学毕业多年，但他们仍然没有最终决定自己的终身职业是什么，有的继续攻读更高的学位，有的则是选择出国深造。造成这个问题的唯一原因是，他们还没有确定自己的人生目标，他们觉得再多学习几年可能会帮助他们做出更好的决定。

然而，这种想法是有一定危险的，很可能会成为失败的潜在原因。我认为，人最好是在年轻时做出决定，即使是一个错误的决定也比什么都不做要好，错误的决定可以弥补，但是美好的时光溜走了就无法挽回。

如果你仍然犹豫不决，不知道应该选择什么样的职业，建议你可以尝试融入一种能激发你雄心壮志的氛围，与那些能让你充满活力的实干家和积极向上的人在一起。或者去读更多优秀的励志书籍，以及著名人物的传记。没有什么比伟大人物的人生故事更鼓舞人心的了。有许多贫穷的孩子认为他们没有任何机会接受教育或拥有自己的职业，但是，当他们读到一些有伟大想法的人所经历的事情，并且知道无论有多大的困难都不能阻止他们取得成功时，他们都不禁会问自己：“为什么我不能做到？”

人们往往会嘲笑那些异想天开的年轻人，但我们不应该忘记一个事实：所有取得伟大成就的人都是从拥有伟大的理想开始的，他们的眼睛都盯着一个高目标。虽然当时看起来这些目标可能根本无法实现，甚至有些愚蠢，但是，当一个伟大的人生目标一直出现在你的脑海中时，给你带来的心理暗示是非常强大的。一个雄心勃勃的人是不会允许自己沦落为一个平庸之人的。伟人在成为伟人之前，也是普通人，不同的是他们的内在精神是高尚的，目标是崇高的。

就像一个“以舍取义”的君子，肯定会以“君子爱德”来鞭策自己。对于一个人来说，一旦没有仁心，甚至违背了人性的一般道德，他就不配做一个君子。

“君子爱德”，具体表现为忧天下、忧国、忧民、知大义。这也就是为什么君子能实现“以舍取义”的原因，他们往往具有忧世济世之感，有宽厚的大爱之情。

成功之人与常人最大的区别在于人生价值取向的不同，他们往往具有君子般的人生观和价值观，以及“以舍取义”的精神。这些人生观、价值观以及精神是我们人生的航标，能够指引我们拥有远大的志向，远离浑噩。

本章就和大家分享到这里，希望每个人都可以成为拥有远大志向的人，成为“以舍取义”的君子。

君子和小人关心的事情是不同的。君子每天关心自己的道德修养，小人则总是关心自己的利益；君子做事会考虑原则和纪律，而小人考虑的只是他得到的好处。唯利是图的心越是坚持，就越是迷茫，越是放不下，越是认不出生命发展的正确方向，最终陷入生命的僵局。

但只要我们找到自己的信仰，用信仰点燃内心的火种，让它去燎原，去照亮他人，那我们就能从浑噩的泥沼中脱离出来。一个人，只要心苏醒了，那么他的前方必将出现光明。

第二部分

做事之舍

舍得，不仅是人生哲学，也是做人做事的艺术。就像水与火、天与地、阴与阳一样，舍与得是对立又统一的概念，它们相辅相成，存在于万物运行的机制之中。

舍和得是同一事物的两面，是矛盾的统一体。舍是得的因，得是舍的果，不舍者不得，得亦因舍而得。这就是舍得的真意。

做人有舍有得，做事更是如此。如果你不舍弃懦弱、傲慢和自私等阻碍你进步的东西，它们就会扰乱你的心扉，让你被名缰利锁所羁绊，在横流的物欲中随波逐流，损失掉自身的名声，无法成为一个成功的人。

世间百态，浮华万千，人生需要怎么做才能不留遗憾？关于这一点，历史早已告诉了我们答案。

自古以来，很多成功人士都有着“为天地立心，为生民立命，为往圣继绝学，为万世开太平”的伟大抱负。清代名臣曾国藩也不例外，他一生励精图治，以一己之力使清朝在风雨飘摇中苟延残喘了半个多世纪。正是因为他拥有“舍我其谁”的精神，才能为国为家也为他自己赢得了更多的生机。

不过，在曾国藩年轻时，还没有这种“舍我其谁”的觉悟。

他那时候只有一个目标，就是通过科举考试，成为一名官员，改变家族命运，成就自己的名声。可以说，年轻的他只有一颗赤裸裸的名利之心。

后来，曾国藩终于通过自己的努力当上了一名普通的官员，为家族带来了不小的荣誉。可他却发现，如果自己想爬得更高，目前的学识修养还远远不够，因此，他开始每天写日记反思自己，每天读文集提高自己。此时，他有了更多的自我追求意识。在做这些事情的时候，他也愿意和朋友交流，并且善于听取别人的意见和建议。渐渐地，他的品行得到了很大的提高，人生理想也由实现个人私欲转变成了要做一个“圣人”，去守护家国和百姓。

他是怎么去做一个“圣人”的呢？他带领清军参加了数百次战争，以谦逊的心态吸引了众多优秀的人才，同时，还非常舍得和部下分享自己的荣誉和利益，俘获了军队所有人的心。在这些人的帮助下，他最终功成名就，也为国家争得了一时的安宁。

此外，他还是历史上真正的“睁眼看世界”第一人。我国建造的第一艘轮船、开设的第一所兵工学堂、印刷的第一批西方书籍、派送第一批留学生出国留学等都是他的功劳。他不仅为国家的和平做出了一定贡献，还促进了国家的科技进步，为国家培养了大量人才。

曾国藩的成功离不开自身的天赋和努力，更不离开“舍我其谁”精神的鞭策。他将自己的成功秘诀记录在了《曾国藩家书》

中，其中有两句非常经典。

其一是："天下古今之庸人，皆以一惰字致败；天下古今之才人，皆以一傲字致败。"

平庸的人，就是普通人。对于普通人来说，没有天赋和才能，只有努力工作才能成就事业，所以"懒惰"这个词对于他们是最忌讳的。而那些有才华的人，虽然可以根据自己的才能走捷径，更容易成功，但他们也很容易傲慢、自满、不愿意向别人学习，这也很容易导致失败。

世界上所有平庸的人，无论是古代的还是现代的，都会被懒惰所打败；而世界上所有有才华的人，无论是古代的还是现代的，都会被傲慢所击败。由此可见，对于有才之士来说，傲慢是多么的可怕，它有可能会毁了你一生的功绩。

其二是："利可共而不可独，谋可寡而不可众。"

利润可以共享，而不可以独食，谋略要隐蔽而不可公之于众。财富可以通过付出获得，那些善于与他人分享利益的人更有可能被他人追随，从而获得更大的利益。而那些想垄断福利的人最终往往会遭到群众的攻击，从而失去金钱甚至生命。

通过这两句话，我们就能窥探出曾国藩的胸怀和智慧。要想获得大的成就，就必须要有"舍我其谁"的精神，立志高远，舍个人为大家；要懂得"舍我其谁"的道理，舍弃自己的短处，利用众人的长处为自己服务；还要能"舍己利他"，舍弃自己的一部分利益，与他人共同分享利益。

舍得，也是一个人做事的成功之道。过去和现在，都不乏舍弃自私之心的普通人，用大爱舍己利他。正因为有人懂得取舍，才给自己也给国家和人民带来了新机。

舍并不意味着放弃，而在于将来更高层次的得。这不是一种消极的人生态度，恰好是一种可取的、清醒的人生观。

可偏偏有人参透不了其中的道理，认为舍就是失去，就是失败，这其实都是目光短浅的表现。在下棋的时候，有一招叫作“丢车保帅”。车重要吗？重要，但是如果从整个棋局来看，为了获得最终的胜利，就要先牺牲几个棋子。有时候，看似是舍弃，实则是得到。

做事的时候也是如此，我们要从大局出发，要站在整个棋局的发展上看问题，而不是只计较眼前的个人得失。如果我们的高度不够，就只能成为一枚小棋子，而如果能胸怀天下，搁置个人得失，那么我们就能成为全局的统领，当然，这种广阔的胸怀最终也会帮助我们获得成功。

我们无论做什么事，都要懂得先付出，再要求回报。所谓种什么因得什么果，农民种地也要先播种、施肥、浇水、打药、除草等，在付出了艰辛之后，才能收获果实，这既是自然法则更是社会的生存规律。

如果你不想付出就收获，这显然是在违背自然法则。人生有得也有失，想要有所得，就要懂得舍短取长，只要发挥了自身的优势，就不要计较失去的。

而且，我们做事情不是做买卖，能够一边交钱、一边交货，当场就钱货两讫。在我们付出之后，还需要一段时间，可能才会收获到回报。

有时候，舍是吃亏，舍是无私，舍是不讲条件的，它是一种奉献，是做人之厚德。拥有这种德行的人，往往比较宽容，也乐于帮助人，是德才兼备的人。而这样的人也是能够得到单位和社会器重的人。

请大家记住，舍得舍得，舍在前，得在后，只有舍才能得。人活于世，不能只看到个人的得失，而是要有广阔的胸怀和眼界，要学会包容、学会舍得、学会付出。

眼界狭小的人，只看得见眼前的得失，这类人无法看清前途所在，很容易在个人的私欲中迷失，万千的烦恼也应运而生。

而相反，胸怀广阔的人，往往不会被一时的享乐所迷惑，他们能坚守心中的信仰，坚持自己的道路，能够做到不惑于心、不困于情、不执迷于眼前的诱惑。

舍得，既是一种处世的哲学，也是一种做事的法则。舍与得相辅相成，存于天地，存于我们的心间。我们对家人、朋友、同事，都要常怀一颗感恩的心，主动承担更多的责任，才能收获到更多。

舍得，是一种豁达的胸怀，是一种人生的境界，一个人只有先付出，才能在舍得之中成就自己。

第四章　舍我其谁

“受光于庭户见一堂，受光于天下照四方。”

在孟子所处的时代，他口中的“舍我其谁”可以理解为以天下为己任的责任感，以及他对国家前途命运的一种担忧。在现在这样一个和平时代，当国家需要你的时候，你就马上站出来，就是延续了这种有担当并敢于担当的优秀品质。

如果人人都不敢承担责任，没有牺牲精神，那么我们家人的安全、国家的安危谁来保护？如果人人都为了私利而不去坚守岗位，没有了经济的支撑，国家和人民都会面临巨大的危机。作为普通人，坚守在自己的岗位上，勇于承担责任，就是“舍我其谁”精神在和平时代的最好体现之一。

一、受光于天下照四方

古语云："受光于隙见一床，受光于牖见室央，受光于庭户见一堂，受光于天下照四方"。

当人在黑暗的屋子里时，如果给门开了一条小缝，缝隙中的微光可以照亮一张床；如果把屋中的窗户打开，那么窗外的光就可以照亮屋中空地；如果把门打开，那么屋外的光就可以照亮整个屋子；如果走出黑暗的屋子，整个人沐浴在阳光之下，则整个世界都是光明的。

简单地说，一个人的眼界，决定了生命的高度和宽度。我们生而为人，并非一座孤岛，理应以个人之肩，担起社会的责任。而见识丰富，人生才会有更高的境界。

古人常用井底之蛙来形容狭隘的视野，而用翱翔在天空中的鹰来形容远见卓识和雄心壮志，这正是视野对于境界的意义。

没有开放的视野，就很难有一个崇高的境界。你所能看到的，你所能思考的，以及你所能做的，都反映了你的视野和境界。每个人根据自己的生活经验和智慧等，看待事物都有不同的想法，所以每个人的视野决定了他的思想方式。人们常常用世俗的方式来判断事物的价值，而只有那些有远见的人才能看到事物的另一面，看到事物的真正价值。

而越有境界的人，越能“心事浩茫连广宇”，当今社会，不需要我们抛头颅、洒热血，也不需要我们高喊口号，而应度己之力，以自己的方式成长、贡献。

1.“舍我其谁”能让我们的天赋和能力得到最大程度的发挥

“受光于庭户见一堂，受光于天下照四方”，这句话还有另外一层含义，即除了要有“心连广宇”的眼界和高度，去拥抱光明以外，还要成为照亮四方的光。而我们的天赋，就是我们的光。

当天赋只属于个人的时候很容易被埋没，可能你的光芒只能照亮一个屋子，但如果你的天赋能让众人受益之时，就肯定不会被埋没，因为它不仅能照亮你的生命，更能照亮他人的生命，给这个社会带来一定的贡献和力量，这同样也是心系广宇、肩担天下。

天赋有高低，能力有长短。天赋和能力都是人力所无法轻易改变的，但为什么有些人能成功，有些人天赋和能力都很好，偏偏无法获得成功呢？

原因很简单，如果一个人基于天赋能够诞生“舍我其谁”的精神，用天赋去利人利己，照亮他人，为社会发展带来正向的能量，那么定能找到自己的一席之地。

关于这一点，在各种体育赛场上体现得淋漓尽致。我国的一位著名羽毛球运动员，有好几次比赛开始时，都落后了对方一大截，眼看就要输的时候，他却每次都能力挽狂澜，逆袭获胜。曾有记者采访他：“为什么每次你都能在最关键的时刻打败对手呢？”他说：“我从来就没想过输，因为我知道我代表的是中国，我不能输。即使对手再拿一分就会赢，我也没有恐惧过，我坚信我会赢。”

正是抱着这一必胜的信念，让他专注于眼前，才能充分调动出自己的潜能，爆发出非常的能量，这体现的就是“舍我其谁”的心态。

相反，如果心态不够成熟，哪怕技术已经到位了，还是难以到达巅峰。曾经有一位平时拿过很多次排名赛冠军的球员，在一次世界锦标赛上，和一个无名小辈对打，他连输了几局以后，现场观众“嘘”声一片。当他看见大家满脸不屑的时候，情绪当场就失控了，彻底输了这场比赛。这就是因为他缺乏“舍我其谁”的心态。

一个想要站上巅峰的人，需要的不仅仅是天赋和能力，更重要的是要有“舍我其谁”的积极心态。为什么我国的很多体育比赛都能获得不错的成绩，但像个别项目的运动队却屡战屡败？我们一直在质疑教练的能力，认为他们无法教授给运动员们足够的技能，因此教练一直在换，就是想求得一个能够打造出成功团队的人。但是，很少有人能意识到，最大的问题在于他们的精神。技能是可以通过锻炼提升的，精神却是不容易改变的。为什么他们总是无法交出一个满意的成绩？因为他们缺少“舍我其谁”的气势，没有勇气和担当，缺乏眼界和境界，这才是其无法获得成功的本。只治标不治本，效用低下也就是能预见的了。

眼界的高低其实在于我们的心智。缺乏智慧的人，往往眼界低，只能看到个人的得失、眼前的利益。眼界的高低决定了一个人的命运走向。眼光高的人，一定会看到天赋有用的契合点位；而眼光低的人，见识浅陋，一生只能庸庸碌碌，一事难成。世界很大也很小，因为真正的大小不仅在眼界之中，还在人的心智之中。

2.“舍我其谁”精神背后是一种积极的心理暗示，能让我们的内心种满鲜花

从马斯洛的需求层次理论来看，人们在满足了基本的生存需求之后，往往会有更深层次的精神需求，比如尊重和爱的需求、被需要和实现自身价值的需求等。

在我们帮助他人时，常常会有如沐春风之感，这种感觉是非常美好的，它带给我们的快乐远比我们获得帮助时更大。通过帮助他人，我们会觉得自己是成功的、不可或缺的和有价值的，久而久之，我们就会变得非常自信，活得更加快乐。

同时，帮助他人还能够解决我们内心的焦虑和不平衡，提升我们的勇气和魄力。很多时候，人们之所以经常向他人伸出援助之手，是因为被帮助的人与帮助者产生了强烈的共鸣，这其实也是帮助者内在需求的投射。在帮助他人时会化解其内心的愧疚感，从而达到心理平衡，减少焦虑。

如果你感到自己缺乏价值，找不到生存的意义，或者感到悲伤，生活中充满无奈或黑暗，那么就用自己的天赋去帮助他人吧，没有鲜花围绕的人，也可以用积极的阳光心态，在心里种满鲜花。

做一个为世界播种春天的园丁，即使力量微薄，也能给世界带来一丝美好，而最先闻到花香的人，也一定是敢于用双手开拓土地的种花人。

世界上人人都向往美好，但不少人没有勇气站出来成为第一个拓荒人。所谓高枝易折，不会主动帮助别人，是源于心中的一种恐惧感，恐惧由此产生的后果。因此，要成就一番事业，获得美满的人生，就需要提升我们的眼界、勇气、担当和魄力，并以此促进我们的行动。

二、智者先谋勇后谋业

如果现在让大家来玩一个游戏，抽签赢大奖，赢了的人就能获得 500 万元，那么在游戏开始之前，你会怎么想呢？一定会有人想，自己绝对不可能赢得这 500 万元。

同样的，如果说谁没抽中，就把他拉去打板子，那么你又会怎么想呢？相信大部分人都会觉得抽中的那个人是他自己。只要自己去参与抽签，一定拿不了那500万元，还要被打板子。

就因为这种恐惧心理，大部分人都会选择放弃抽签。虽然这个例子有点夸张，但不可否认，无数事实证明：只要把握一次机会，就能改变人的一生！

无论失败与成功，经历了就是一种成功，你去闯一闯，不行你还可以掉头，如果你不做，那就像“晚上想想千条路，早上起来走原路”一样的道理。

一个人并不缺少机会，而是缺少把握机会的能力。当机会摆在眼前，你不去做，总会有人做。任何人都阻挡不了社会的发展和时代的进步，面对潮流和趋势，谁能怀有“舍我其谁”的心态，谁就可能抓住机遇。

但同时，要想成为“舍我其谁”的领头人，成就一番事业，还需要具有几个必要的内部条件——勇气、魄力和担当。

孟子身处战乱时代，当时整个社会都非常不安定，百姓流离颠沛。在这样的时代背景之下，孟子并没有为了明哲保身而躲起来，他认为“天下兴亡，匹夫有责”，立志要将儒家思想发扬光大，并用这些思想来给国家的发展出谋划策，这个信仰从此成为孟子一生的追求。在将近30年的时间里，孟子怀抱着自己的政治理想，带领弟子周游列国，宣传他的仁政主张。

为什么孟子能不惧纷纷战火，一次次游走在危险边缘呢？因为他有着“舍我其谁”的精神，同时，信仰赋予了他强大的勇气。最终，也正是勇气和担当成全了孟子，让他成为千古流芳的君子。

由此可见，勇气和担当不是先天的，而是后天培养的，它是由我们不断地自我督促，以及外部给予鼓励和支持，两股力量合起来，然后慢慢养成的一种心理资本。

此外，我们能够发现，一个有勇气的人往往也非常有创造力，具有开拓精神，他们勇于去尝试新的事物，敢于去打破原有的规则。而这个打破规则的人，往往能成为人群中的英雄。

1. 做英雄，只有勇气是不够的

在心理学上，有一个共识：在日常生活中，人们需要英雄，这个英雄其实指的就是领头人，一位能够“舍我其谁”的人。

在生活中，每一个家庭都需要一个英雄，成为这个家庭里面的“灯塔”，去承担和撑起这个家，或者成为这个家庭的骄傲和榜样。如果大家都不承担责任，那么这个家庭很快就会衰落了。

在单位里也一样。人人都需要有开创精神，要有敢为人先的勇气。虽然当每一个人都很努力，人人都有“舍我其谁”的精神时，我们就不会是那独一无二的“圣人”，但这并不重要，重要的是勇气和担当能够让我们的企业越来越好。当集体的利益提高了，个人的利益自然会随之增加。

要记住，我们向孟子学习“舍我其谁”的精神，不是为了向他学习如何成为“圣人”，而是为了解他在成为“圣人”的过程中所具有的心理品质。

当我们带着“舍我其谁”的心态去做事情时，肯定会面临一些压力和质疑，也有可能会遭到他人的诽谤和误解。所谓“高处不胜寒”，你越是与众不同，你就越容易被误解，受到的质疑声也越多。

这个时候，我们不能轻易退缩，更不能因此而与他人起冲突。古人云：“人不知而不愠，不亦君子乎？”这恰恰是一个人修为的最高境界。我们要有好的心态，要有积极的归因，要有坚信自己的信念，以及排除万难、坚持到底的魄力。

当我们面对质疑的时候，要告诉自己：“虽然面对诽谤和误解确实不快乐，但我要坚定地相信自己，我走的路是对的。”

我们的事业征途，也是不断地说服自己的过程。也就是说，你一定会遇到困难，但你越是坚信自己，你就越容易解决困难。

有时候打败我们的不是别人的闲言碎语，而是我们自己的不坚定。外部遭遇困难是非常平常的，内部缺少魄力才是致命的。我们要学会如何不断地说服自己，不然就很容易成为只有勇气的莽夫，到处闯荡，缺少魄力，最终一事无成。

2. 勇气源于担当，担当承于魄力

只有勇于承担责任，我们才能取得卓越的成就。那么担当是什么呢？担当是一种最基本的职业精神，是一个人做事的基本标准。判断一个人是否具有专业修养，最重要的就是看他是否具有

责任感、承担责任的能力和敢于挑战的勇气。

为什么这么说呢？因为没有担当的人缺乏“舍我其谁”的精神，会给组织带来较大的危害，这样的人容易推卸责任或没有契约精神，轻易承诺，轻易违背承诺，长此以往，很容易给组织形象带来负面的影响。

同时，没有担当的人，执行力往往也不强，很难顺利完成组织或他人委托的事情。这样的人往往性格浮躁，工作能力不稳定，经常在组织和他人委托或涉及人际关系的事务中出错、惹麻烦。工作有始无终，常常半途而废，大大拖延工作进度。

所以，用一句话来表达，担当就是一旦承诺，则重于泰山。

古时候，在一次两国交战中，其中一个国家有一封书信急需送到盟军将领手中。可是当时盟军将领正在荒野中作战，没人知道他在什么地方。

这时候，一位士兵挺身而出，不讲任何条件，主动承担送信任务。在历尽艰险、克服各种困难之后，这位士兵最终把信交到了盟军将领手中。他的国家得到盟军支持，很快就赢得了战争。

这个故事展现了一位普通士兵临危受命勇敢自信、忠于使命的品格，而这也正是它在全世界广为流传的魅力所在。

再举一个反面的例子。

有一年，在一个非常重要的大会上，某著名互联网公司总裁出席并发表演讲。他的表现虽然很出色，但配合他演讲播放 PPT 的同事接连出现了几处明显的错误，比如把“布局”写成了“部局”、“业务”写成了“义务”、“前瞻”写成了“瞻前”等。

虽然这些错误是由实际操作的员工粗心大意造成的，但管理者也有着不可推卸的责任，毕竟别人不会认为是具体某个人的问题，而是公司的问题。不出所料，此次“失误事件”很快在业界和互联网上引起了广泛讨论，大大影响了公司的形象。

与不可靠的人一起工作，他们要么总是给你带来意想不到的麻烦，要么会让你在工作过程中感到压力。“舍我其谁”的精神内涵之一，就是要求我们成为一个靠谱的人，勇于担当责任。因为在职场上，担当是一个人的责任心、契约精神及勇气、魄力、自控力的最好体现，是让别人对你放心的开始。该我们做的事情，不管有没有困难，困难大或小，都要积极主动地去承担，不推卸责任。

勇于担当与随便承诺不同。勇于担当的人，事先已预想到困难，做好了付出一定代价与牺牲的准备。这种人还具备遇难而乐、迎难而上的性格特征，所以，在困难面前能够坚持到底。而随便承诺的人，面临困难阻力与个人利益的某些牺牲时，便会将承诺置于脑后，随便放弃责任。

一旦承诺，则重于泰山。无论事情有多难、有没有好处，都要认真对待、全神贯注、全力以赴，排除阻力、按时按质按量完成。

或许你早已发现，有担当的人，都是非常具有耐心的人。清朝名臣曾国藩曾说过：“居官以耐烦为第一要义。”意思是说，做事最重要的是耐心，耐心才能成就大业。

耐心是担当的第一要义，也是一种自我控制的能力。自控力是指控制自己不受内部和外部干扰、克服内部和外部阻力，实现绩效和目标的能力。如果缺乏自控力，人就会变得懒惰、拖沓，做事没有担当，喜欢走捷径、敷衍了事、粗心大意，无法控制自己的思想、妄想和烦躁情绪，在困难和竞争面前妥协，因为失败而放弃。

一个有耐心的人通常也具有很强的执行力，能够积极行动、全力以赴、承受压力、持之以恒，能够忍受他人和物质环境的干扰，不怕吃苦、不怕麻烦、不怕挫折、不怕干扰，坚持不懈。正所谓：“耐得千事烦，收得一心清”。

3. 如何做一名有勇气、有魄力和有担当的人

（1）相信自己的能量

为什么前面抽签的游戏，大多数人都会不自觉地往坏的方面想呢？这是源于他们的不自信，觉得自己的福气和能量不够，不相信好事会发生在自己身上。

每当遇到好事的时候，就会消极地觉得“我不配”；每当遇到新的领导岗位选拔人才的时候，就会下意识地认为“我不行”……事情还没开始，你就自己打了退堂鼓，别人又能怎么帮你呢？

要想提高自己的胆量，首先就要相信自己的能量。别人都能

遇到好事，为什么你不配？别人都可以胜任的工作，为什么你不行？如果你干什么都过于消极，就无异于把应该属于你的东西都拱手送给了别人。勇敢的人为什么不惧怕这些？因为他们从不怀疑自己的能量。他们明确地知道自己想要的是什么，而不会被那些消极的杂念所干扰。

胆小的人，很容易心理紧张、做事过于谨慎，从而把本来可以做好的事情搞砸。不少人可能都在考试中经历过怯场，即使他们的成绩一直很好，但一到考试时就容易过度紧张。这是缺乏自信的表现之一。这些状况通常发生在胆小的人身上，而那些自信、勇敢的人，往往会在考试中表现得更好，因为他们不像胆小的人那样多想，大脑高度集中在如何回答问题上，因此更容易发挥出高水平。

所以，我们在做任何事情之前，一定要振作起来，相信自己有能力充分发挥自己的水平，然后一头扎入工作中就可以了。所谓“谋事在人，成事在天”，保持一颗平常心，是我们拥有勇气的前提。这样，当我们面对一些挑战时才不会留下遗憾。

（2）自信源于担当

自信不是凭空而来的。如果你在参加考试前根本没有复习，那么，无论你有多么大胆和自信，你都不可能在考试中取得好成绩。

举个例子，当你在一些大场合演讲前，如果事先没有经过认真准备，你肯定会对自己能否表现好产生怀疑，那么，当你演讲时，你还会有自信讲好吗？当然，对于那些拥有丰富演讲经验和能够即兴发挥的人来说，又是另一回事。但是对于那些胆怯和退缩的人来说，每一次失败都可能是一次重大的打击。因此，我们在做任何事情之前，都应该做好充分的准备，这将为自信奠定基础，并为之提供成功的可能性。而每一次成功都能成为你尝试下一个任务的动力，从而形成良性循环，最终使自己越来越自信，越来越敢于尝试新事物，迎接更多挑战，为自己赢得更多发展机会，赢得更多成功经验。

（3）不要一味责怪自己，要找到正确的失败归因

所谓归因，就是指要把事物的结果归结于什么原因，无论是客观还是主观本身。人对自己成败的归因探寻，会对自己今后的行为产生重大的影响。

比如，失败往往是对胆小的人的沉重打击，当遇到失败时，胆小退缩的人往往会感到沮丧和愤恨，这是因为他们总是把失败归于自己内在的主观原因，认为是自己能力不足或不聪明。这种归因肯定会让我们怀疑自己的能力，打击自己的自信心，在未来再次面临类似的任务或更具挑战性的任务时，就会选择逃避和放弃，这将形成一个负面的效应。

相反的，如果你能对失败做出积极的归因，也就是更客观的归因，情况可能会大不相同。例如，当你考试不及格时，也不必气馁和沮丧，重要的是冷静地分析错误的地方和原因在哪里，是不是因为没有复习或者没有领悟到知识的要领等。通过正确的

归因，在下次考试来临前，我们才能够意识到自己做得不够的地方。

（4）尝试接触不同的人，扩大自己的社交范围

胆小害羞的人往往不太敢与他人交流，自己被限制在一个小圈子里。胆小的人很少与人交往，有些时候并不是因为他们傲慢，而是他们经常自认为不可爱、不受欢迎，其他人也不愿意与他们交往。

如果我们形成了这样一种消极的自我概念，即对自我的一种稳定的认识，我们就会有意无意地做出一些行为，使人们难以接近和沟通。事实上，当你觉得自己很可爱并被别人接受时，你就会表现出自信。自信的人，人们也往往愿意与他们交往。与你交往的人越多，你就会越自信。

（5）学会用身体语言提高心理暗示

所谓身体语言，并不是指我们所说的语言，而是指通过我们的身体姿势、动作和表情传达给人们的信息。害羞的人在与他人交谈时会感到尴尬，在面对他人时不敢直视对方的眼睛，因此他们往往给人的印象是冷漠和回避，但从本质上来说，这种身体语言传达的信息是“我胆小、害怕和不安”。

我们只要对身体语言进行一些调整，就可以改变这一点，比如在与他人交往时，可以面带微笑、身体前倾、友好握手、眼神交流，等等，尽量表现得随和些，这样即使是陌生人也就会变得不再那么可怕了。

4. 人品是勇气、担当和魄力的动力源泉

古人云："德者才之主，才者德之奴。"一个能够"舍我其谁"的人，首先一定是一个人品有保证的人。人品差的人常常为了自己的利益而牺牲组织和其他人的利益，即使受到合同或制度的约束，他们也会尽力利用其中的漏洞，背叛自己的信仰。一个人只有树立了诚恳、善良的道德品质，才能成为一个可靠、值得信赖的人。

而只有可靠的人，才能谈论忠诚和正义，也才能把组织和他人委托的事情当作自己的事情，并愉快地去做，而不会因违约和利益诱惑而受到惩罚。在这个过程中，我们个人应该后退一步，把集体和他人的利益放在前面，愿意付出，不怕损失，竭尽全力，不辜负期望。

虽然有道德的人不怕别人的监督和惩罚，却过不了自己心里的那一关，只求问心无愧，才能心安理得。道德的因果不能即时显现，但从长远来看，它可以避免灾难，给个人带来个性成长、自我实现、事业和生活上的回报。

因此，我们在与他人的交往中，要养成凡事有交代、件件有着落、事事有回音的习惯，勤于表现出体贴人、关心人的态度。别人委托的事一定要牢记在心，尽力而为，及时回复，决不能让对方焦急等待。

不少人都有这样的坏习惯，当其他人提出要求时，他们往

往草率地承诺“把它包在我身上”，并没有意识到自己能否做到，只是随口就说了出来。也因为这种坏习惯，让他们常常失信于人。

一个可靠的人不仅要了解对方的困难，还要预测自己该做什么，并考虑自己是否有能力、资源和潜力去完成任务。如果不能，那么他就会理性承诺，避免拖延。当一个可靠的人做出承诺时，他一定会对自己抱有很大程度的信心。

不少人都做过吃力不讨好的事，比如给人帮忙时，忙前忙后却还是让对方感到不满，这是为什么呢？因为我们的承诺太多，无形中提高了对方的期望。因此，做出承诺时最好要保持低调，降低对方的期待，但是在做事情的时候还是应该尽最大的努力，这样，当帮助别人完成某件事的时候，才能让别人有惊喜。

靠谱的人与不靠谱的人还有一个区别在于，靠谱的人能够养成闭环控制的习惯。闭环是指以目标为起点和终点，对做事的过程形成一个闭环。以“沟通闭环”为例，当他人委托我们做事情的时候，应该以他人为起点和终点，将过程及时反馈给对方。“沟通闭环”包括以下几个步骤。

（1）事先反馈

有些事情做得不理想，是因为做这项工作的人对任务和分配的事情有误解。产生这种误解的原因可能是双方没有沟通，也没有说清楚。如何解决这个问题呢？

下属或工作团队可以使用反馈的方式，比如，简要重复上司或委托方分配的任务，让对方倾听是否存在误解或遗漏。如果有的话，就即时纠正并补充，这样，别人才能放心地把工作交给你。

对于更复杂的任务，可以使用以下的复述框架：分配什么任务；完成任务需要达到哪些衡量指标；委托方需要提供哪些资源和条件；其他相关原因；完成的最后期限。

（2）努力实施

在办事的过程中，我们应该体谅他人，站在他人的角度考虑问题，将心比心、急人所难，并尽最大努力去执行。

（3）过程反馈

如果任务执行的周期长，不管情况如何，过程中间也应该有反馈，否则，如果领导先问起相关情况，你就会很被动。主动报告，会在领导心中留下积极做事的良好印象。

此外，及时的反馈也可以为正确的决策提供依据。及时回复可以让领导或其他人及时了解信息，并及时采取下一步行动。

如果沟通不到位，就会大大拖延工作的进度。最终可能你做了 80 分的工作，却被扣了 50 分；但如果沟通有效，即使你做了 80 分的工作，也能得到 100 分的奖励。

沟通让你出色，但也可能让你出局，我们必须要重视起来。

（4）有备无患

把工作任务交给可靠的人总是让人放心的，因为他们一般都有着深厚的专业能力和专业涵养，做事不泄密，沉着冷静，一切都在掌控之中。

一个靠谱的人，会提前做好预演。对于重要的事情，他会提前演习很多次，预测每一个意外情况和可能的漏洞，或提前纠正，或提前考虑归档，尽力避免犯错。此外，他还会考虑到突发事件，事先制订好应急处置方案，也就是预案，以有备无患。

5. 勇气、魄力和担当，能让我们走得更远

勇气、魄力和担当，其实就相当于我们自己发行的信用货币，能够帮助我们不断地积累信用资产。个人信用资产不仅可以赢得领导、同事、朋友和合作伙伴的信任，还可以为你带来潜在的发展机会和人脉。而信用资产匮乏的人，在这种或那种不可靠的行为中，一次又一次地失去信用，被领导、同事、朋友和合作伙伴列入黑名单，生活的道路将会越来越窄。

世界上没有什么不必承担责任的工作，工作就意味着责任。只有恪尽职守，把自己的工作做得比别人更迅速、更正确、更完美，方能散发我们的光芒。

可能你会说：我的岗位平凡至极，公司少了我似乎也没关系。这种想法是不对的，工作没有大小，即使再平凡的岗位，也有属于它的价值。

假如你是一名基础的出纳人员，接触的工作非常琐碎，但如果你能在这个岗位上多年如一日地保持细心谨慎，从不出错，一天、一周、一年也许不算什么，但每一日做好每一件事，解决好

领导安排的每一个任务，就体现出了你的专注和韧性，让自己在平凡的工作岗位上也能散发出不平凡的光芒。

在做好本职工作的同时，还要敢于挑战困难，在思想上克服畏难心理，奋起应对困难，最终克服困难，把不可能变成可能，把一个个想法变成实际的工作成果。

同时，成为一个有担当的人离不开不断的学习和实践。我们应该将学习视为一种本能和追求，逐步提高个人能力，将所学知识应用于实践，并将其转化为个人成就。

刚毕业的大学生可能在业务上懂得甚少，但只要他勤奋学习，认真听取前辈的意见，那么他就能从一个什么都不会的实习生，成长为独当一面的优秀员工。即使再愚钝的人，也能靠着自己的不懈努力获得大家的认同。

只要有持之以恒的耐性，做一个有勇气、有魅力和有担当的人，就总有一天能够发挥出自己的才华与能力，为公司的发展做出贡献。

而在我们成为有勇气、有魄力和有担当之人的过程中，最重要的是，要舍弃懦弱之心。

三、有勇者，成大业

古语云："见义不为，无勇也。"真正的勇者，一定是拥有大智慧、大境界的人，志存高远，隐忍克制，心怀天下。也正是因为这些品质，才能让他们克服种种困难险阻，经历各种历练，最终成就大业。

自然界中的所有生物都必须拥有勇气，才能在地球上占有一席之地。如果它们不勇敢，就会被更强大的敌人吃掉；如果它们不勇敢，就会沦为对方的"猎物"。每年，驯鹿都要迁徙5000千米。在迁徙过程中，它们勇敢地抗击风暴，忍受饥饿的折磨，穿过泥泞崎岖的道路，勇敢而坚定地朝着目的地前进，毫不犹豫，毫不退缩。

同样，在人类社会，不勇敢就没有创造，不勇敢就没有正义，不勇敢就无法战胜黑暗，不勇敢社会就无法进步。

当然，勇敢不代表着鲁莽，不是横冲直撞、旁若无人。有些人容易冲动，没有头脑，不讲道理，看上去无所畏惧，但勇者并不是莽夫，勇敢并不意味着做事不讲究策略和方式方法。我们做一项决定要勇敢，行动要勇敢，表达自己的观点要勇敢，但一定决定了、行动了，就一定要用好的方法去做这件事，才能达到既定的目标。

真正的勇者是能屈能伸的。他们知道自己要走的路，明白自己要受的苦，遇到不平之事能克服私欲，能忍让，同时还能解决它。不气馁不退缩，一步一步地走完全程。他们坚守正道，危难关头也毫不苟且。

每一个人都有私欲，但是，眼中只有私欲的人，注定不可能成就大事业。只有拥有“受光于天下照四方”的眼界和智慧，才能成为一个真正的勇者。

诸葛亮不惧乱世，出山做谋士，用自己的才华为天下安定贡献了一份力量；范仲淹先天下之忧而忧，后天下之乐而乐，以文人之身勇赴战场；祖逖闻鸡起舞，数年间收复大片土地；于谦但愿苍生俱饱暖，不辞辛苦出山林，成为力挽狂澜的民族英雄；鲁迅以笔为戎，讽刺当时社会黑暗，唤醒了无数沉睡的灵魂。

由此可见，只有舍弃懦弱之心，拥有崇高的信仰，以天下为己任，才能勇敢地承担起自己的责任。

如果你想舍弃懦弱之心，成为一个勇敢的人，可以尝试以下方法。

1. 承认自己性格中的缺点，原谅自己一些懦弱的想法

只有先面对真实的自己，才能找到自己恐惧的点，一步一步地舍弃懦弱之心。

我们谁都不可能一下子让自己变得更强大，这需要一个缓慢的

过程。人无完人，不要总是把眼光盯在自己的缺点上，而是要善于扬长避短。一个方面有缺点，并不影响其他方面的发挥，如果坦然面对自己的缺点，敢于挑战自我，并根据自己的情况确立目标，将某一方面的潜能充分发掘出来，同样可以为社会做出重大贡献。

2. 找到自己的信仰

若仅从我们的本能出发，任何人在利益面前都会先满足自己的私欲，在凶险中都会先保全自我。但当一个人有了信仰，他就会为了信仰无所畏惧，奋不顾身，哪怕舍弃生命。

一个有信仰的人，目标坚定犹如磐石，在追求理想的路上，总是充满了无穷的力量，永远不知疲倦。而没有信仰的人，则好像失去河道的流水，没有源源不断的动力去奔赴大海。

3. 坚持经常锻炼身体

在生活中我们常常会面临一些挑战，而面对挑战的同时，我们内心中大多保持着一种害怕的心理，从而导致没有发挥出自己应有的实力。坚持锻炼身体，可以增强意志力和承受痛苦的能力，当你有了强健的身体、强大的心灵之后，就能够不再惧怕挑战，发挥更从容。

4. 勇于承担自己的责任

人的一生不仅仅是为了享乐而来，也是为承担责任而来。承担责任意味着付出，不过也会得到相应的回报。勇于担当不推卸责任，勇于接受各种困难的磨砺，慢慢地你就会变成一个勇敢的人。

5. 多读书

书，是我们智慧的源泉。一个人的自身想法是有限的，而读书能让我们懂得一些深刻的道理，了解一些我们不曾知道的东西。历史类书籍使人明智；励志类书籍让人奋进；文化类书籍可以修身养性；知识类书籍可以丰富心智；辩证类书籍可以让人通情达理；兴趣类书籍可以陶冶人的性情；等等。只要是好书，都值得一读。

或许有人会问，是不是除了做到以上几点以外，还要看起来“很厉害”？当然不是，勇敢是一种内心的表现，而不是外在的伪装。脾气好不等于懦弱，脾气好的人一样有“统领天下”的勇气和能力。

以身边的职场为例。在我们的惯常印象中，职场中能够走上领导岗位的大部分是性格强势的人，他们更善于掌控大局，有支配的能力与欲望，可以带领一支队伍去“战场”上厮杀。那么，是不是性格软弱的人就不适合做领导呢？其实不是，伴随着社会大环境和商业模式的改变，现在的职场早已不完全是强势管理者的天下了。有研究表明，柔性管理在职场环境中也越来越被需要。

柔性管理是相对于刚性管理提出来的。刚性管理是以规章制度为中心，用制度约束管理员工，而柔性管理则是以人为中心，对员工进行人格化管理。但是，采取柔性管理者，也常常会走入以下误区，导致出现大大小小的管理问题。

1. 没有原则，轻易改变

作为一个领导，如果不能遵守原则，轻易改变，就会让下属难以信服。

我曾经认识一个企业高管，他就是很容易被情绪左右，所以有时候显得很没有原则。有一次，公司的产品因为违规宣传被媒体曝光，花了很多钱和时间才塑造出来的品牌知名度受到了致命的打击。为此，公关与品牌部又花了大把金钱和时间，才平息了舆论。

按企业规定，出错的工作人员应该受到处罚。但是，当工作人员向这位企业高管哭诉自己需要照顾一大家人，日子过得不容易的时候，这位企业高管就动了恻隐之心，悄悄降低了惩罚的力度。

那么，下一次公司出现同样的问题，要如何惩罚呢？久而久之，他在员工之中还能有威信吗？员工还会小心谨慎地对待工作吗？

2. 缺少拍板的魄力与能力

很多时候，团队需要的不是反反复复去论证一个问题，而是要快速决策。

某企业的项目负责人在刚刚被提拔为领导的时候，就犯过一个错误。在某次新商品上市之前，需要快速决定一款设计方案。而在同一款商品的数个设计方案中，负责人摇摆不定，觉得这个很有创意，那个理念也非常不错，其他的设计也比较符合当下的潮流。她迟迟下不了决心，最终导致新品发布会一拖再拖，被同行的商品抢先一步上市，抢走了本该属于企业的市场份额。

其实，做领导是需要有较强的判断力的。像这位项目负责人，她应该有自己的主见，立刻选出一个方案去执行，而不是摇摆不定。

3. 缺少领导的威严

一个令人惧怕的领导，并不一定是个好领导。我们要做的，其实是让别人明白，有些规则不可触碰。

有不少企业高管，他们平日里的管理其实并不严厉，还是比较人性化。比如下属偶尔迟到、忘记穿工装，甚至某件事出了小纰漏，他都不会太在意。但凡是涉及底线的事情，则统统不可以。比如：收受贿赂，超过 100 元，发现一次就开除；为了数据好看而刻意虚报，发现一次就开除；抄袭别人的创意，导致公司损失，发现一次就开除。

这个时候下属就会懂得，虽然领导脾气好，但有些错误是绝对不能犯的。

当然了，其实很多问题不只是性格软弱的领导才会有，霸道型的领导也可能会原则性不强，也可能会乱发脾气，但性格软弱的领导相对不容易让人信服，毕竟人性就是这样。不过，我们只要找到一些方式方法，就可以规避这样的问题。

（1）明确规则、底线和原则

在工作中，每个人的工作风格可能都不一样，但涉及规则、底线和原则的一切都不应混淆。

工作场所的不少人都会有试图越线的行为，这有点类似于绵羊实验。

如果你给羊一个指示：晚上 8 点后不要跑出羊圈。事实上，许多羊都会试图去撞羊圈的大门。于是专家们在门上设置了电流，晚上 8 点以后，每当羊碰到它，就会受到电击。几次之后，就再也没有羊来挑战它了。后来，专家们又改变了方式：有时有电流，有时没有电流，每次羊撞到门上，都会产生不一样的后果。一旦底线放开，此后就陆陆续续总会有羊撞上门来。

在工作中，对于那些坚决不能做的事情，一定要明确制定惩罚机制，否则，你一时的心软，会将你所有的努力都化为乌有。

（2）自信并表现出来

在工作场所，一个总是迷路的领导者，我相信每个人都不愿意见到。

一位技术很厉害的老员工有机会升职为领导，但是他推辞了。他的理由是，虽然他在某个技术领域很在行，但他并不具备领导力，当不了领导。

与其说这位老员工有自知之明，倒不如说是他缺乏一定的自信。如果你跟随一位将军去上阵打仗，你希望他有坚定的目标和信心吗？当然。作为一名合格的领导者，核心就是要有坚定的方向、卓越的判断力以及强大的自信心。

（3）知道如何以身作则

权威不能靠大声说话来建立，最行之有效的方法是树立榜样。有些企业喜欢召开无数次会议来强调一件事，但这样做的效果其实并不大。

事实上，作为领导，懂得如何以身作则，严格地鞭策自己，比起不断地强调更能产生真正的效果。如果你希望员工准时上班、工作前做好必要的准备，那么你最好要为他们树立榜样，不只是一次，而是随着时间的推移不断重复。

在灵活管理的时代，只要坚决舍弃懦弱之心，性格温和的人也可以成为领导者。在掌握了适当的方法之后，无论何种个性的人都有可能扮演管理者的角色。

从这一章的分享中，我们懂得了要从自身开始，学习“舍我其谁”的精神，然后发扬这种奉献精神，把它推广给身边的人。

由把“奉献”这个词融入自己的血液和灵魂，转化为实际行动。把“小我”融入“大我”，把追求个人理想融入国家和个人的事业中，为国家、为民族、为众人做贡献。

“舍我其谁”体现了一种英雄精神和责任精神。只有勇于担当重任，自觉行动，把责任放在肩上、把责任放在心上，才能让我们从一个懦弱的人，变成一个充满勇气、魄力和有担当的人。

第五章　舍短取长

“梅雪争春未肯降，骚人搁笔费评章。梅须逊雪三分白，雪却输梅一段香。”

每到初春，人们都喜欢邀三五好友，踏雪寻梅，饮酒赋诗。而在诗词中，也往往会同时出现“雪”和“梅”的身影。

为什么人们那么喜欢将二者放在一起呢？梅花虽然没有雪“白”，雪也没有梅花的“香”，但如果离开了任何一方，都会让诗景逊色。把二者放在一起，“白”和“香”一相逢，便能相得益彰。

如果梅花没有了雪的衬托，便会落得俗气，少了清高的意境；如果雪没有了梅花的点缀，也会少了几分韵致。只有二者互补所长，才能成就佳话。

梅须逊雪几分白，雪却输梅一段香，也就是，所谓“尺有所短，寸有所长”，就像我们每个人，都各有千秋、各有长短，不能一概而论。

罗马不是一日建成的，更不是一个人建成的。一个人的智慧和精力总归有限，很多工作都需要借助集体的智慧来完成，一味封闭是不可能有所成就的。向别人学习、取他人之长补己之短，是我们取胜的不二法宝。

人生路上，最好的老师就是自己身边的朋友、同事甚至是竞争对手。要想获得成功，最好的方法就是吸取对方的长处，补足自己的短处，从而让自己的短处变长，同时更能有效地促进长处和优势的发挥，最终让自己在激烈的竞争中获胜。

我们要想在生活中做到取人之长补己之短，首先就要认清自己，了解自己的不足，然后利用他人的长处去弥补自己的短处。大部分成功人士之所以能够取得成功，就是因为他们善用他人的长处。一个人再有能力，也不可能面面俱到什么都会，如果不善于与人合作，也不会轻易获得成功。

古语云："见贤思齐焉，见不贤而内自省也。"意思就是说，看到有德行的贤能人士，就要谦虚地向对方学习，和他看齐；见到不如自己的人，要自我反思，自己有没有存在同样的缺点。

做人最忌讳的就是骄傲自大，傲慢的人即使失败了，也不会承认是自身造成的原因。舍短取长，最重要的就是要有谦虚的心态。所谓长，就是你胜率最高的方法和策略；所谓短，就是你经常出错的方法和模式。

取舍之道，在于取长去短。不要在你多年来经常出错的地方耗费精力，而是要学会借助他人之力去弥补，这样，才能以最快、最有效的方式去达成目标。

一、择其长弃其短

“尺有所短，寸有所长”揭示了一个客观事实，即世界上的一切事物都有自己的长处和短处。同时，它也激励人们善于舍短取长，发现和发挥一切事物的长处。

从个人角度来看，每个人都应该善于发现自己的优势，充分发挥自己的优势，从而实现人生价值的最大化。在社会分工日益细化的今天，扬长避短对社会和个人都具有重要的现实意义。

这里说的舍短取长有两重含义：一个是认清自己，了解自己的不足，发挥自己的长处；另一个是与人合作，不要只看到别人的缺点，而要看到和利用别人的优点。

1. 找到自己的天赋所在

庄子说：“吾生也有涯，而知也无涯。以有涯随无涯，殆已。”

在浩瀚的知识海洋里，我们应该选择自己擅长的领域，让自己拥有一项技能，而不是做一个门外汉。但是，只有当你知道自己需要什么，自己能做什么，才能真正知道该怎么取舍。

要做到这一点，首先要了解自己。古时候，为了达成心愿，人们常常奔波万里去膜拜心中的神灵，神灵却告诉人们，希望之路不在神庙里，而在我们自己心中。了解自己才是成功的本源。一个人要想取得伟大的成就，首先必须了解自己。只有了解自己是什么样的人、有什么特点、有什么需求、有什么才能、在什么环境下才能更好地发挥自己的才能，才能让自己如鱼得水，充满激情和力量去创造新事物。

比如，有的人喜欢与人打交道，不喜欢孤独，是典型的群居动物，在人群中更有创造力和灵感；有的人喜欢读书，因为读书会让他感到充实、快乐，充满希望、充满力量。那么，你喜欢什么？生活中什么能够让你快乐？有什么动力去奋斗？成功始于自我分析，只有了解自己，你才能充分发挥出自己最大的潜能。

我们要如何做好自我分析，激发天赋，实现理想呢？让我们一起来寻找这个答案。

（1）发掘你的天赋，并把它发挥到极致

每个人都有各自的天赋，它藏在每一个人的身体里。你应该学会了解自己的感受和经历，发现自己的一些特点和专长。只有了解自己，我们才能规划好自己的生活，充分发挥自己的才能，活出最大的人生价值。

为了帮助你更好地发现自己的才能，请回忆、思考并回答以下问题：你以前最喜欢什么？你在哪些方面表现最好、最出色？

有什么事情让你觉得自己很重要和有价值？有什么事情能让你感到快乐、幸福和满足？你经常通过什么方式得到表扬？你最喜欢的时刻是什么？你愿意做什么并为此付出代价？

通过回忆、思考和回答上述问题，你找到你认为最适合自己的领域了吗？不要怀疑，那就是你的天赋所在！我们的人生使命就是充分发挥我们的才能，实现人生的最大价值。

（2）加强自己的优势，减弱自己的劣势

如果一个人想要成功，他必须了解自己的优势所在，同时尽力修正自己的劣势。

我们可以列出自己所有的优势和劣势，以及为了实现理想所必须培养的优势，然后，安排优先事项，从简单和容易的事情开始，一个接一个地修正或培养和加强它们。这项任务似乎很简单，但并不容易完成。

当列出所有的优点和缺点时，我们就可以发现自己有哪些需要培养的优点和需要修正的缺点。我们可以把列表写得整整齐齐，贴在桌子上显眼的地方。这样，每当我们坐在办公桌前，抬头就能看到它们。面对想培养的优点时，可以对自己说："我一定要有这样成功的品质！我会成功的！"每当加强了某种优点时，可以在列表后面画一个"√"，以此提高我们的成就感。当看到自己的不足时，我们可以这样想："我要在某个时间段内消除或减弱这个劣势。"这样，每当我们纠正一个不足时，就把它从不足的列表中划掉，同时可以鼓励自己说："我越来越成功了！”

几个月之后，你就会发现你的劣势在减弱，而优势在加强。很多人都通过这个方法从平凡走向了成功，相信你的人生同样能够得到大大的改善。

（3）分析自己理想的工作条件

在了解自己的需求后，就可以去寻找满足你需求的工作条件。只有满足自己的需求，才能调动工作积极性，充分发挥才能，实现价值最大化。那么，你理想的工作条件是什么？可以把这些都写在纸上。

第一，你选择住在你喜欢的城市（这样，你建立的资源可以终身享用，成功后你不需要换地方），还是选择住在一个有市场发展潜力的城市（这样，你可以生活在一个快速发展的行业，在你的事业成功后，也可以选择住在你喜欢的环境中）？住在这个城市会让你快乐吗（一个快乐的人工作起来，会事半功倍；如果不快乐，工作效率就会很低）？

第二，你想选择你最喜欢的行业吗？曾有人说，成功很简单，就是“一生只做一件事”。选择你最喜欢的行业并坚持下去，总有一天你会成功的。如果经常换工作，就需要再次花费大量的时间和精力去熟悉新的行业，掌握新的专业知识，了解新的合作伙伴和老板，建立新的人际关系，而不是在同一领域进行深入的提升，那么，可能最终你就会什么都做不到。

第三，你是喜欢控制自己的工作时间，还是由老板安排？

第四，你是愿意不断接受新的挑战，通过自己的努力增加收入，还是拿固定的薪水，不喜欢改变？

第五，你想在工作中帮助谁？你想帮助他们做什么？他们对社会有什么贡献？

第六，你渴望一个充满活力和爱的职业吗？

第七，你选择的行业符合经济发展的大趋势吗？

第八，你喜欢不断增加新知识吗？你喜欢不断积累成功经验吗？你需要一个舞台来不断扩展你的能力吗？

第九，你需要与充满激情和动力的人一起工作吗？

根据以上几点，你可以进一步了解自己，只有了解自己、发现自己、认识自己，才能充分发挥自己的专长，拥有持久的核心竞争力。接下来，你还需要改掉拖延的坏习惯，提高行动力。那么，请列出你现在应该做但不愿意或害怕做的事情，以及所有延迟的事情，然后按照优先顺序进行分类，逐一消除前进道路上的障碍。

帮助你克服拖延症的 5 个黄金问题分别是：我想要什么样的结果？为什么我还没有采取行动？不作为的直接好处是什么？这项行动将带来什么长期好处？如果现在采取行动，我需要面对什么挑战？

将这些都记录下来，然后立即采取行动，一个接一个地解决它，这样你才能获得力量，感受生活和工作的轻松。否则，事情就会越来越多，让你备感疲惫和压力，迟早你会被拖延毁掉你的野心和动力。

我们需要认识到自己就是成功的前提和基础，是人生方向的指导决策者。如果走错了方向，只是在脑海里想改变是没有用的。我们要做好自我分析，全面深入地了解自己，发现自己最大的竞争优势，才能充满自信地投入行动，创造最大的人生价值。

2. 学会与他人的优点相处

“用人之长，天下无不用之人；用人之短，天下无可用之人”，这句话暗藏了大智慧，悟透便能有所收获。

闭门造车，是无法做成功一件事的。现实生活中，我们的工作通常是由小组或团队共同承担的，如果我们一味用自己的优势和他人的劣势相比，就无法发现他人的优势，并与之友好地相处合作。

善于发现他人的优点，并从内心给予肯定和赞赏他人的价值，是人生的一种大智慧；把每个人放在适合他们的岗位上，激发其内在潜能，是企业的用人之道。

如果一直盯着别人的缺点看，不管是什么样的亲密关系，最终都会使对方非常紧张，感受不到温暖，这样又如何能够长期相处呢？哪怕是圣人和先贤也会有缺点，何况是普通人呢。

在现实的职场中，我们肯定都遇见过一些令人恼火的同事，比如很多人做事都喜欢拖延，交付给他们的工作，总是等到最后一分钟才完成，充分反映了“最后期限是第一生产力”这句话的含义。你说他们做事没有责任心吧，他们每次都能把事情做完，你说他们做事不积极吧，每次和他们沟通时也非常配合。这个时候，如果我们只看到这些人的缺点，而看不到他们的优点，那么就可能会造成同事之间关系的对立。

人无完人，我们要学会换位思考，就拿前面这个例子来讲，虽然这些人的劣势是做事喜欢拖延，但他们也有优势，就是至少能按时完成工作，沟通也很顺利。多看看别人的优点，这样你的感觉就会越愉悦，与他人相处得也就越好，同时你也能够知道用人的好处，学会一些做领导应具备的能力。

只有彼此信赖，才能让工作进展得更顺利，同事之间相处得更融洽。在当前如此精细的社会分工背景下，很多人需要共同努力才能完成一件事。如果彼此之间缺乏信任，合作关系就会变得磕磕绊绊，使人无法享受到工作的乐趣。

再举一个这方面的例子。在大学里，有一个学生是学生会主席以及各种社团主力，他的同学是学生会副主席，两个人一主一辅，合作得不错。

毕业之后，他们去了同一家单位工作。前者因为之前一直当学生会主席，习惯了领导和指使他人，总觉得别人都不如自己，于是他的眼里就只能看到别人的缺点，比如这个同事文案太差、那个同事太拖拉等。

而另一个同学的想法却相反，由于在大学里做过最基础的工作，他更擅长发现别人的优点，感觉大家经验都非常丰富，自己要学习的地方还有很多。

一年后，公司对两人进行考评，结果曾经的学生会主席被调去了西北的一个项目组，而另外一个则升职半格，继续留在总部，成为单位重点培养的人才。

这是为什么呢？是前者的能力比不上后者吗？非也，是因为他没有与别人的优点相处的能力，他的眼睛长在了头顶上，看到的都是别人的缺点。但是，又有谁愿意仰人鼻息，被人挑剔呢？

在职场上，有时候口碑和能力同样重要。学会和别人的优点相处，你就会在无形之中多了很多各种各样的朋友。试想一下，当你和你的朋友合作的时候，他们会不会更尽心尽力？

人与人相处，最温暖的模式不就是身边有这样一个朋友轻轻地告诉你“你很好，你值得被肯定”吗？

二、三省吾身可正己

《易经》中说：“谦：亨，君子有终。”意思是，谦虚可以使百事顺利，但谦虚并不是人人都能坚持下去的，只有君子才能坚持到底。

谦虚之人，在待人接物上能够做到不狂傲自大，比较平易近人。同时，这样的人能够谦让容忍他人，居功而不自夸，先人后己。

谦虚的人除了能够以谦卑的态度不断地提高自己的修养、弥补自己的短处以外，还能够时常看到他人的长处，在事业上与他人取长补短，更懂得将彼此的优势发挥到最大，实现双赢。这样的人，往往能与人相处融洽，得到很多人的帮助。

相反，傲慢的人则比较喜欢显摆，以自己的认知作为行事的标准，在与他人的合作中不懂得尊重和谦让，久而久之，就会让人想要远离，因此他们也不会有多少能够真心相待的朋友。

“谦谦君子，卑以自牧。”要想成为一个受人尊重的人，首先得舍弃傲慢之心，学会尊重别人，做到功高不自居、名高不自誉、位高不自傲。一个人的能力无论有多么强大，总不可能样样俱到，就算是天才也会有自己的弱项，如果能通过与他人合作来弥补自己的不足，很多问题就会迎刃而解。所以学会倾听别人的意见和建议真的很重要，在与人沟通的过程中，保持一种随时随地向人学习的态度，这将帮助你避免许多弯路，减少错误。

我们要高瞻远瞩，不能自满于我们所取得的成就，不能自满于我们现在所达到的高度。我们在工作中总会面临挑战，变化总是比预期的要快，我们要善于为自己和团队设定更高的目标，鼓励每个人一起不断进步。

人类的智慧从何而来？反思自省是重要的源泉之一。

“静坐常思己过，每日三省吾身。”自我反省，是一种自我道德修养的方法。内省意识可以帮助你从失败中吸取经验教训，加快能力提升的步伐。

“见贤思齐，见不贤而内自省也。”当看到一个有德的人，你就应该想到去向其学习；当看到一个没有德行的人，你就应该反省自己，通过自我意识来审视自己的言行。

所谓“人非圣贤，孰能无过”，我们每个人都不可能完美无瑕，都有说错话、做错事的时候，重要的是如何对待自己的缺点和错误。我们能像古人一样，每天严格反省自己，仔细分析和审视自己，以君子的言行要求自己吗？

1. 三省吾身，要静思己过

“善责他人，不善责己”或“以自我为中心”，往往是现代人普遍存在的问题。事实上，我们每个人都不可能没有缺点和错误，那么，当你意识到自己犯了错误，为什么不冷静下来反思一下自己呢？如果拒绝承认一个错误，你就会越来越容易滑向错误的深渊，这只会是你进一步的损失。

我们必须认识到，反思的过程实际上是一个不断完善自己思想的过程，也是一个不断升华自己思想的过程，同时还是一个不断完善我们所遵循的标准的过程。

在日常生活中，我们习惯性地根据自己的理解解决问题和各种各样的麻烦，经过不断的失败和挫折，我们开始明白自己做错了什么，需要纠正什么。因此，一个有反思能力的人必须有自我否定的精神，也就是说，他必须有勇气承认自己的错误。

当然，否认自己比肯定自己要困难得多。自负自满的人没有反思的能力，这些人往往心胸狭窄、非常固执，一旦遇到挫折，他们总是把责任推给别人。为了保护自己那点虚幻的尊严，他们总是不惜一切代价保护自己、不惜一切代价伤害他人。在他们自私的心中，除了自己没有任何其他东西，他们无法容纳别人的成就，更不用说别人对自己的批评了。当然，他们不能否认自己，也就不可能进行自我创新。

相反，一个有反思能力的人必须是一个能对自己提出严格要求的人。他们总是寻找自己的缺点，处处努力改进；他们总是能以开放的心态倾听他人的意见，从他人的批评中吸取营养，使自己更加完美；他们不怕自我批评和自我否定，因为他们知道自我否定的目的是把自己提升到更高的水平。

就像下面的故事。

夏朝时，一个叛逆的诸侯有扈氏率领军队入侵。夏禹派儿子伯启抵抗，但伯启被打败了。他的部下非常不服气，要求继续进攻，但伯启说："不，我的士兵比他多、土地比他大，但我被他打败了，这一定是因为我的品德不如他，领导部队的方法不如他。从今天起，我必须努力纠正。"

从那时起，伯启每日早起，粗茶淡饭，亲近百姓，任命人才，尊重有道德的人。一年后，收纳了不少亲信，得到了大部分百姓的支持。敌人知道以后，不但不敢再次入侵，反而自愿投降了。

这个故事说明了什么？当我们遇到失败或挫折时，要能够像伯启这样，不去责备他人，而是虚心地检讨自己，实时改正错误，这样最终的成功才能属于我们。

2. 内省的过程就是学习的过程

如果我们能不断地反省自己，设法解决问题，认识到失败的教训和不完美的根源，并尽所有努力去加以纠正，我们就能在反省中认识自己，在反省中辨别是非，在反省中变得更加明智。

经常反省自己，你就可以摆脱分心，对事情有清晰准确的判断，理性地理解自己，提醒自己改正错误。只有通过全面的反思，我们才能真正了解自己，不断提高自己。

因此，日常的自省是不可或缺的一课。通过经常反思自己的思想和行为，严格自我分析和批评，及时纠正错误，从一开始就消除错误，这也是佛教教导人们修行的方式——修行就是纠正他们在身体、嘴巴和思想上的错误，当身体、嘴巴和头脑都干净了，社会和生活中所有不正当的行为和现象就会自然地消失于无形。

反省可以让我们发现更多的人生价值和意义。只有勇敢地面对自己、正视自己，反省自己的言行，反思非理性的想法、不和谐的声音、不熟练的行为和不完美的事物，才能做到真正深入的知彼知己。如果一味懒惰、疏忽大意，你可能就会错过一些应该及时反思的事情，这将导致你的错误一再发生。

金无足赤，人无完人。我们通过反思和自省，就可以正确地对待自己的短处和他人的长处。具体要怎么才能做到呢？

（1）客观准确地评判自己

只有当我们第一次得到正确的理解，才能在下一步采取正确的行动。就像我们早上洗完脸照镜子一样，优点和缺点也需要照镜子来看，“知人者智，知己者明”，了解别人的人是聪明的，而了解自己的人才算是真正的有智慧。

很多时候，人们的自卫心理会导致自身优势的放大和他人优势的减少，导致只看到别人的缺点，却看不到自己的缺点。不要用你的优点嘲笑别人的缺点，我们应该回头看看自己的弱点和别人的长处，以保持谦虚的态度。

但同时，我们也不应该过分贬低自己，或总是把自己的弱点与别人的长处相比较。一旦如此，你的心理就会变得不平衡，你的自信就会受到打击，自卑感就会泛滥。这是另一个极端，需要关注。

（2）敞开心扉，接受自己的长处和短处

我们应该敞开心扉面对自己，接受自己。无论长处或短处，它们都是自己的一部分。喜欢别人的长处、讨厌别人的短处并不难，然而，喜欢自己的优点而讨厌自己的缺点就会使人感觉不快乐。要有“我是独一无二的”的想法，完全接受自己也是一种智慧。

（3）善于学习他人的优点，避免他人的缺点

我们应该有一个开放和勤奋的态度，能够识别优点和缺点，以及向他人学习的能力。《论语》中说：“三人行，必有我师焉。”通过参考别人的言行，你会发现，即使是从一个不识字的幼童身上，都能汲取到可以学习的东西。

“以人之长补己短，以人之厚补己薄。”要学会吸取别人的优点来弥补自己的缺点、吸取别人所擅长的来弥补自己所缺少的，只有这样，我们才能完善自我。

三、去傲慢，众志成

保护自己的弱点是人性，但是如果能突破这种心理障碍，我们就会取得很大进步，而要想突破，最重要的是必须舍弃傲慢之心。

傲慢的反面是虔诚和尊敬。虔诚心和尊敬心可以对治傲慢。但真正的虔诚和尊敬是建立在平等的基础上的，要在内心平等地看待自己和一切所看到的对象，这样才能真正做到尊敬。

傲慢有很多是因为自己从没有得到真正的尊重，所以不会也不懂得尊重他人甚至众生。先学会尊重、尊敬自己，看到自己和众生平等无二的自性，慢慢就会懂得如何尊重、尊敬每一个人。

佛门把贪、嗔、痴、慢、疑称为“五毒心”，它会使我们造作种种恶业，障碍我们的解脱，是一切烦恼的根本，就像毒药一样。

而在这“五毒心”中，最不容易破除的是慢，即傲慢，因为其他四种毒药更为明显，而傲慢则非常隐蔽，不发动之时不太容易被察觉发现，因此破除难度最大。

那么，我们怎样才能制服傲慢呢？

1. 我们应该认识到傲慢的危害

傲慢不仅是我们生活的绊脚石，也是我们成功的主要障碍。从世俗的角度来看，大多数人与人之间的矛盾和冲突以及内心的痛苦和烦恼都是由傲慢造成的。

每个人都理所当然地认为自己是对的，如果不能表达自己的观点，就会感到沮丧和痛苦；当表达出来时，每个人都坚持自己的观点，冲突就会发生，最后每个人都会感到痛苦。

在生活中，傲慢的人不是很受欢迎，而在工作中，傲慢的下属往往不容易被重用，傲慢的上级则通常难以获得支持。

傲慢无非是两种情况，一种是轻视弱者，另一种是对强者粗鲁。傲慢的人很容易理解弱者的自卑，那么他们对强者无礼的原因是什么？事实上，他们正是通过这种方式来获得自尊的。但无论哪种情况，傲慢都是愚蠢的表现。

从修行的角度来看，傲慢其实也是一种内心烦恼，这种烦恼会给我们带来很多障碍。一旦傲慢生起，我们的心田就无法收纳到更多的养分。

2. 我们应该洞察傲慢的本质

人之所以会傲慢，实质是源于依赖。这里所说的依赖，是指使人傲慢的外在事物，如出身、权力、名望、地位等。许多傲慢的人经常用“傲慢也需要资本”这样的话来为自己辩护，这会让别人觉得你肤浅。而且，我们也应该意识到，这些所谓资本并不能代表你自己。

有一头驴，整天被蒙着眼睛，绕着磨盘打转。一次，寺庙从磨坊里借了这头驴，让它驮着经书下山。一路上，无论它走到哪里，两边的人都崇拜地看着它。驴子情不自禁地自鸣得意，以为大家都很尊敬它。后来，当它回到磨坊时，就拒绝再拉磨，主人给了它一棍子，驴子才终于醒了过来。事实证明，每个人尊重的是它所承载的经文，而不是它。

但世界上有多少人能意识到这一点？许多人拥有财富、权力和名望，他们整天高高在上，认为自己很棒。事实上，人们崇拜的只是你的财富和地位，而不是你自己。

“我希望受到追捧和尊敬，我喜欢拥抱的感觉，……”，这些虚荣背后其实都是傲慢在起作用。傲慢无处不在，但有些是明显的，有些是伪装的，不容易被发现。

傲慢的人就像小溪里的水，流得快，声音大，丢进去一块石头就能激起一片水花；而真正有成就的人，却能够包容万物，静水流深，深沉如海。

3. 如何降服傲慢

当傲慢逐渐被消融，“我执”被打破的时候，才能用海纳百川的胸怀接纳他人。

老子曾说过：“江海之所以为百谷王者，以其善下之，故能为百谷王。”只有谦虚的人、懂得取他人之长的人，才能赢得他人的信任和支持。而无知的人往往傲慢，自以为是、眼高手低，他们根本不知道谦虚可以净化灵魂、谦虚可以赢得成功的道理。

北宋时期，欧阳修是当时全国推崇的文学领袖，而苏东坡只是个无名之辈。一次偶然的机会，欧阳修读到苏东坡的作品，非常赞赏，并说：“读轼书，不觉汗颜。快哉快哉！老夫当避路，放他出一头地也。”从那时起，只要有机会，他就会向人大力推荐苏东坡，这样苏东坡很快就为世人所知。欧阳修之所以被称为一代文学大师，也正是因为他的这种雅量。

这样的人，经常能看到自己的优点，但并不痴迷于此，而是同时也能看到自己的缺点。一个谦虚的人，能够很容易接近他人并得到他人的认可。

谦虚的人往往更有能力但不自负，他们始终愿意学习他人的长处，倾听他人的意见，接受他人的帮助，发现自己有错立即纠正，而不自以为是。

要以谦虚的心态去挖掘他人的长处，我们可以这么做。

（1）不能自满

我们要敢于承认自己的缺点，善于寻找差距，“知之为知之，不知为不知”，努力改变自以为是的“半瓶醋”行为，不断提高自身的修养和能力。要想在生活中保持谦虚，对于一些不必要和不值得的事情，低调是最好的选择。

我们要以平和的心态、无私奉献的胸怀、不骄不躁的心态，虚心对待世界，即使你认为自己很有天赋和能力，也应该学会隐藏自己的锋芒。

（2）真诚地学习他人长处

在这个竞争激烈的时代，单独作战，不依靠集体和团队的力量，就不可能取得真正的胜利。如果你知道如何结合每个人的能力和知识来做一件事情，那么你将是不可战胜的。

对团队成员的尊重和谦逊，应该体现在真诚地学习他们的长处、全力支持他们的工作上。我们应该实事求是，谦虚和低调不是懦弱，而是智慧和毅力的象征。看到他人的长处，不意味着一味否定自己，而是对自己有一个合理而清晰的认识，能够客观地看到自己的缺点，不会盲目地夸大自己的优点。这不是虚伪，更不是软弱，而是敞开心扉包容他人、低头尊重他人。

只有谦虚的人，才能成为一个智慧的人，才懂得利用他人的长处去成就事业。所谓众人拾柴火焰高，这个道理就连百兽都懂得。百兽也会利用集体的力量，比如非洲大草原上每年迁徙的羊群，虽然它们个体的能量很弱小，但一旦它们聚集起来，就能抵抗住狼群的袭击，安全抵达迁徙地，这就是一加一远远大于二的效果。

而人类的集体协作，相比百兽更为高明。比如那些有成就的企业家，他们哪一个不是依靠集体的力量获得成功的？他们若不能发挥集体的力量，能获得成功吗？

想获得成功，首先就要学会依靠集体的力量。个人的智慧是有限的，但能集合集体智慧的人，就可能是无敌的。

当年强悍如铁木真，也是联合了草原雄鹰札木合，才能一举歼灭蔑儿乞惕部，后来又联合王罕，打败了札木合，奠定其草原霸主地位；刘秀起兵之初，也是与绿林豪杰联合，多次打败王莽军队，最终平定天下；晋文公重耳则是借了秦国兵力回国平乱，夺取王位，最后建立霸业。

可见，哪怕个人能力再强，都要借助众人的力量来成就自己的人生。

古语云："众力并，则万钧不足举也；群智用，则庶绩不足康也。……役其所长，则事无废功；避其所短，则世无弃材矣。"简单来说就是：汇聚众人的力量，就算是万钧重的物品也可以举得起来；只要善用众人的智慧，那么所有事业都可以做好。……使用人的长处，做事就没有不成功的；避开人的短处，世上就没有可废弃的人才。

古人的这段话，是想告诉我们团队整体力量的重要性。在团队中，要学会取人之长补己之短，只有这样才能达到人尽其才的效果，毕竟团队的力量要远大于个人的力量。在团队中，我们应该不分彼此，共同分享各自的长处和优点，同时也吸取各自的长处和优点。只有将渺小的个人力量融入团队中，与团队一起奋斗，才能实现个人价值的最大化。

所谓“独行者快，众行者远”，无论是谁，只要想获得成功，就必须要获得他人的帮助，单打独斗不可能比团队的力量还要大。同时，团队对于个人也有着无穷的激励作用，能让你更好地发挥自己的长处。

曾经有一匹马跑得非常快，能日行千里。但有一天，它身陷泥沼，即使再奋力跳跃也无法自救。就在这时，有一群骏马呼啸奔跑而来，它们给这匹马带来了鼓舞，让它想再次和它们一样，疾驰在广阔的天地之中，于是，它奋力一搏，终于跳出了泥沼，与马群一起奔向了远方。

我们每一个人的能力和思想都是有限的，但是如果能够彼此分享和交换，那么，我们每一个人就拥有了无限的能力和思想。只有以谦虚的态度去和他人互相成就，取长补短，才能加快成功的脚步。

本章的分享就到这里，如果大家能领悟到“一无所有无不有，舍短取长短化长”的道理，那么我们的分享就是有价值的。

聪明的人善于从别人那里吸取智慧来补充自己。只要一个人知道如何利用别人的长处，他就能做更多的事情。看到别人的缺点是很容易的，但只有当你看到别人的优秀品质并真诚地欣赏和利用它们时，你才能真正赢得友谊和欣赏，补充你的能量。

智者选择人才，正如木匠选择木材，使用有用的部分，丢弃无用的部分。有些已经腐烂的树木，一般人不会看到它的用处，但一个好木匠不会放弃它。因为他能忽略它的短处，而看到它的用处，最终将它打磨成非常好用的器皿。

如果我们首先看到的是一个人的优点，那么就可以让他充分发挥他的才能和价值；如果我们首先看到的是一个人的弱点，那么他的长处和优点就很容易被掩盖和忽视。

每个人都想找到“各方面都好，只有优点没有缺点”的人，但这样的人世界上有吗？如果我们要求太高，因为一个短处而忽视他人，就会错失许多有价值的人才。

要记住，每一个都有自己的长处和短处，只要他们能够发展自己的优势，避免自己的劣势，就能为我所用。进一步来说，如果我们能看到别人的长处，利用别人的长处弥补自己的短处，那么我们就离成功不远了。

第六章　舍己利他

“赠人玫瑰，手有余香。”

我们大部分人都过于执着于“我”，一味沉溺在自己的得失中，一旦有求不得便会感到无助和痛苦。只有减少对“我”的执着，多想想“他”的利益，才能感受到真正的幸福。

要想达到“无我”，我们就要做到舍己利他，用大爱去成全他人，帮助他人。

人活于世，如果什么都要计较，什么好处都想占尽，那么就会使自己陷入一种癫狂的状态，在获取利益的路上执迷不悟，直至最终误入歧途。

请大家记住，只有极致的利他，才是最好的利己。

古时候，有一个盲人每当走夜路时，都不会忘记带着一盏灯笼出门，人们看见后，感到非常不解，问他：“你不是看不见吗，为什么每次出门都这么麻烦提着灯笼呢？而且蜡烛并不便宜，灯笼照亮了前面的路对你又没有帮助。”

盲人回答说：“你们既说对了，又说错了。刚开始，我只是为了方便他人，可后来我发现，其实这样做也帮助了我自己。灯笼的光看似对我没有作用，但在为别人照亮道路的同时，也让别人看到了我，不会撞到我。这样的话，你们又怎么能说灯笼的光对我自己没有用呢？我费钱费力去点燃的光，看似在帮助他人，其实也是在保护我自己啊。”

这个故事告诉我们，如果我们想得到回报，就必须要先学会付出，有时候看似是在帮助他人，其实是在保护自己。

所谓赠人玫瑰，手有余香。如果你能给对他人施予一点善意和爱意，一定能得到他人更多的回报。故事中盲人手中提的灯笼，就是赠人的玫瑰。而他得到的余香，除了对自己的保护以外，还有帮助他人时内心产生的幸福感。

不过，我们要记住一点，利他应是一种发自内心的布施，而不是为了最终回馈自己，利他所带来的利己回报只是一种因果，而非动机。

有不少人捐款时常常大肆宣传，因为他们期望通过此举提高自己在社会上的声誉，还有的人算盘打得更响，认为自己做一个广告宣传都要几百万元，还不可能有什么效果，不如用这笔钱去做善事，让媒体来免费给他宣传，这样效果反而更好。

这种利他行为的动机就不纯，最终还是为了利己。虽然的确会有人在这些行为中受益，但这种行为不能给人的心灵带来洗礼，那么，当我们获得世俗的利益之后，心中将仍会是虚无。

利他主义是一种纯粹的行为，是单纯为了他人幸福的行动。一个人在做事之前，若是能够做到事事以他人为先、不计较个人得失，那么同样也能得到他人的回馈，毕竟“爱人者，人恒爱之”。

就像上面的故事，有人为盲人费钱费力的行为感到可惜，却不知他点亮的光，最终也帮助了自己。多种下善缘，就能得到更多的善果。

每一个人的人生，都离不开光和温暖。而奉献和利他的精神，能让我们的社会充满正面的能量，给他人带来光明和温暖。如果生活中没有光，那么就让自己成为光；如果感受不到温暖，那么就给予他人温暖。

要温暖别人，我们应该有一颗善良真诚的心、有一颗舍己利他之心，这样，你周围的亲朋好友就能感受到温暖。只要你把自己做好，温度就会逐渐扩散到你周围的人身上，让温暖环绕世界。

协助他人解决困难，这就是奉献和利他心的表现。有时候做出这样的行为并非易事，但要相信，当我们决定且动身去做这一利他行为时，很多无形的协助就会出现。

一、利他才能走得更远

舍己利他，指牺牲自己为他人创造价值。利他心，其实就是“视人为己”，以他人的需求为中心，享受整个付出的过程，而不是聚焦到能获得什么上，做好过程，让成就自然地发生。

和大家分享一个有趣的小故事。

一个年轻人穷得连书都读不起，然而他心地善良，从不抱怨命运，反而是经常同情和帮助他人。

一天，他在路上意外得到一枚铜币。他还没来得及高兴，就在花园附近遇到了一群园丁。园丁们工作了很长时间，一口水也没喝。年轻人同情他们，所以拿出钱给园丁们买了水，园丁们也送给他很多花来表示感谢。

在下一个路口，带着花的年轻人吸引了八个爱花的人。他想，我拿这些花也没有什么用，倒不如送给他们。为了表达他们的感激之情，这八个人每人给了年轻人一枚铜币。

几天后，年轻人又经过花园，没想到几天前的一场风暴摧残了花园里的花，现在里面到处都是枯枝落叶。于是年轻人找到了园丁，说他愿意为他打扫花园。园丁高兴地同意了，为了表示感谢，园丁还提出送给年轻人这些干树枝和树叶生火。

当年轻人正忙着打扫的时候，突然听到附近有几个孩子在吵架。年轻人很快拿出他送花得到的钱，给孩子们买来糖果，并劝导他们不要争吵。得到糖果的孩子们非常高兴，纷纷表示愿意一起帮忙清理花园。有了孩子们的帮助，年轻人很快就把花园里的枯枝落叶都收拾完了。

真是无巧不成书。就在年轻人要把这些树枝树叶拉回家的时候，一个厨师走过来说："这柴火很好，易燃，烟少。主人有哮喘病，最怕烟，这些正合适他。"听了这话，年轻人说："那我把它送给你吧。"厨师怎么也不肯白白地收下它，于是给了年轻人 16 枚铜币，拿走了柴火。

16 枚铜币对当时的年轻人来说不是一个小数目。他想了很久，决定用这笔钱在离家不远的地方开一个茶摊。首先，他可以挣一些生活费来补贴他的家庭，而且照顾父母也很方便；其次，他还可以免费为附近的 500 个割草工人提供茶水，以实现帮助他人的初衷。

不久，一个路过的商人来到茶摊。他听到周围有人说："这个摊主真蠢。不仅茶叶便宜，而且他还免费送给数百名工人。"那个商人听了之后，不仅没有嘲笑年轻人，反而觉得他是一个真诚的人，值得合作。于是商人对年轻人说："明天有一群马贩子会带着许多马经过，要多准备些茶。"年轻人认为人要喝茶，马也要吃草，于是想着准备一些草。那些割草工人知道后，就每人给他送来了一包草。

第二天，正如商人所说，商队按计划到达。看到茶摊旁边有500包草，他们决定买下它，年轻人却说不用钱，说这些草正是专门为马准备的。马贩子说什么都不同意，喝完茶后，他们给年轻人扔下1000枚铜币，带走了500包草。

就这样，每当年轻人心中生起一个善念，善念就一个接一个地生出花来。几年后，这个年轻人就成了当地颇具名声的富人。

这个故事给了我们很多启发。年轻人获得巨大财富的原因，并不在于他在商业方面有多出色，而是因为他凡事总是先想到别人，然后付诸实践来帮助别人。毫不夸张地说，从他无私帮助他人的那一刻起，他就是世界上最富有的人了。

如果你能做到舍己利他，那么你将获得以下好处。

第一，创造的价值将更大甚至最大化（回报将更大甚至最大化，持久和持续）。

第二，在创造价值的过程中，心是充实的，心情是愉悦的（利他主义是一个人精神能量的源泉）。

第三，在做利他的事情时，“我”总是希望自己能做得更好，创造更多更大的价值，因此，“我”会努力学习，提高创造价值的能力，让智慧不断成长，未来的命运也会改变（改变命运的唯一途径就是智慧的成长）。

此外，利他心也是治愈痛苦的无上妙药，大家应当培养这种善心，并在生活中将其发挥出来。即使仅仅是为别人做了一件小事、说了一句关爱的话，甚至表达了一种善意，都没关系。你会发现，在帮助他人的过程中，自己的痛苦也能明显减轻。

如果一个人没有同情心，无论他走到哪里，其他人都会远离他；如果一个人有同情心，无论他身在何处，都会受到他人的尊重和爱戴。修利他心，就是要把自己放在他人的位置上思考问题，这样下去，“我执”自然就会减轻，烦恼自然就能消除。

在我们的工作和生活中虽然充满竞争，但舍己为人并不会导致我们被竞争所淘汰。因为生活不是100米短跑，你不用总是跑在别人前面。有时候，如果你忘记了自己，全身心投入工作中，效果会更好。在忘我的状态下，或许你会有更大的机会脱颖而出。试想一下，如果你是一位领导者，你会希望与什么样的人共事？是一个自私和有竞争力的人，还是一个专注、真诚、有思考能力的人？答案显而易见。

二、爱，可以成全任何关系

相信大家都听过孟子的“爱人者，人恒爱之”这句话，对别人满怀爱意的人，才能用内心的爱去感召和帮助别人，才能赢得别人的爱。如果你爱别人，别人也爱你，还有什么关系处理不了？

爱是这个世界上最奢侈同时又是无价的东西，它无法用世俗的价值去衡量，任何物质都换不来爱，只有用爱才能换来爱。我们每一个人都希望能得到别人的爱，但是，为什么有的人能得到很多人的爱，而有些人却无法如愿呢?

原因并不在于外部的世界，而在于我们的内心。你在想要得到他人的爱之时，有没有问过自己付出过多少爱呢?

你的内心是怎样的，你看到的、感受到的世界就是怎样的，爱更是一种发自内心的情感，内心充满仁爱，一定也能感受到这个世界回馈给他的爱意。

爱，并不只狭隘地存在于某个特定的人身上，而是一种能量，它会包围在你身边，让你无论在何处何地都能感受得到。为什么?因为你就是爱本身，你走到哪里，就会将对他人的爱带到哪里，所以，爱便会与你如影随形。

有一个年轻人，他不懂得处理与身边所有人的关系，无论是亲人、朋友还是同事，他都无法和他们相处融洽。他感觉这个世界上没有人爱他，人人都在针对他。为此，他感到非常苦恼，为了排遣这种心情，他跑到了山里去看风景。

爬山途中，身边陌生人的欢声笑语，与形单影只的他形成了鲜明的对比。别人幸福的说笑声落在他的耳中，变成了刺耳的噪声，他实在受不了，一口气爬到了山顶。

站在高山之上，一览众山小，俯瞰足下，白云迷漫，云雾缭绕。看着如仙境一般的景色，他却无法开怀。

这时，身后喧嚣的人群又涌了上来，他不堪其扰，又想起了自己的遭遇，内心的苦恼终于如决堤的潮水汹涌而出，他将内心的所有愤懑发泄了出来，对着大山喊道："我讨厌你们！我讨厌你们！我讨厌你们！"

令人没想到的是，空旷的山谷回馈给他的，是比他的声音还要响百倍的回音："我讨厌你们！我讨厌你们！我讨厌你们！"

他的声音引来了周围游客疑惑和嫌弃的目光。群山的回声，和周围人不善的目光，令他的心情几近崩溃，他狼狈地逃下了山。

就在下山途中，他的身后传来了一个声音："我喜欢你！我喜欢你！"

他回头一看，原来是一个行者在对着他喊。年轻人非常生气，他以为对方在作弄他，禁不住质问道："大家都讨厌我，没有人爱我，我的生活已经不顺利了，你为什么还要耍我？"

行者微笑着说："年轻人别生气，人生其实就像山谷中的回声，你对它说什么，它就会回馈你什么。不是没有人爱你，而是你心中只有怨恨，所以感受不到这个世界的爱意。如果你换一种好的心态去面对这个世界，你一定能感受到身边每一个人的爱意，比如，你可以试着对山谷大喊'我喜欢你'。"

年轻人听了行者的话，思考了一下，终于壮起胆子对着山谷喊道："我喜欢你！我喜欢你！"这个时候，山谷真的传来了同样的回音，游客们也对他报以友好的微笑。年轻人一下开怀了起来。

回去以后，他换了一种心态和身边的人相处，对待他人非常和善，用微笑去和别人沟通，将身边的关系处理得非常好。渐渐地，他的烦恼越来越少，感受到的爱意也越来越多了。

这个故事告诉我们，爱其实就是生活的回音。也只有爱，能够成全所有关系。希望得到别人的爱，就必须先去爱别人，你付出的爱越多，得到的也会越多。

人是群居动物，没有人能离群索居，都要与人相处。如果你得不到他人的爱，不懂得处理和身边的人的关系，就得不到他人的帮助，也无法获得成功。所以，如果你想要在世上走得更远，获得更大的成功，就要拥有爱与被爱的能力。

爱是善良、谦虚、和谐的，所以具有这种性格特征的人自然会被每个人所爱。事实上，除了被爱的能力，接受和感知他人的关心，同时回应那些付出的人，也是人与人之间一种美好的互动。你的周围有没有人认为他们不想打扰别人？相信这种人很少。从心理学上来讲，这是一种危险的性格，不打扰别人的人实际上希望别人也不要打扰自己。所以接受和回应爱是处理人际关系的一个特别重要的能力。

缺乏爱的人会过分关心别人的评价，要求自己每一件事都要做到最好，还时时否定自己的价值，这些人普遍缺乏自信和团队合作能力，因为内心没有安全感，让他们无法面对日常生活和工作的压力。而有能力爱和被爱的人面对困难和压力，则始终相信“总会有解决办法的”。

总的来说，爱与被爱实际上是一个情绪问题，要想获得爱人和被爱的能力，就要学会情绪管理，而情绪管理最关键的就是理解、接纳自己和他人。例如，最常见的家庭冲突是丈夫拼命加班挣钱，说是为了家庭幸福。但是妻子和孩子们一直不高兴，觉得他们的丈夫或者父亲不爱他们。努力工作赚钱是男人表达爱意的一种方式，但家里其他人真的只想要钱吗？

这个道理在工作中同样适用。在满足个人目标的前提下，以情感满足为目标可能比以实际收入或晋升为目标要好得多。团队中任何人最基本的幸福都应该来自被认可并被视为重要和有价值的人，在寻求情感支持时能够得到明确的鼓励。这种情感上的认可和支持来自团队中的同事，但更重要的是，来自他们的直接上司。这种情绪需要团队领导清楚地表达出来，并确保同事们能够真正感受到，而不是以自己的方式去做。

在我们的工作和生活中，都不能没有情感表达。而情感表达可以从表达爱的方式中学习，以确保对方更亲近你。

那么，如何来表达爱呢？

爱的五种语言分别是：肯定的话语，用心陪伴的时刻，礼物的馈赠，服务的行动，以及身体的接触。每个人都习惯于一种或者几种语言，如果他喜欢用某种方式去表达爱意，也意味着他喜欢用该种方式接收别人的爱语。

1. 爱的第一种语言：肯定的话语

口头表扬是最简单但也是最有力的沟通工具。你会发现你喜欢和某人在一起，主要是因为他经常赞美你，这会让你感觉更自信。

表扬实际上是一个非常强大的指导工具，尽管我并不建议你用表扬来让别人为你做某些事情。

有这样一个故事。

一位员工刚加入一家企业时，因为他的着装品位太差，以至于有些同事经常看不惯，常常当面讽刺他，但这个员工并不以为然。直到有一次，当他们参加活动时，这位员工穿着另一件“引人注目”的衣服，老同事有点讽刺地说：“这套衣服很好！”出乎意料的是，有些同事并未听出他的弦外之音，开始参与到谈论这件衣服中来，这个说衣服设计不错，那个说衣服很有特点。新员工听了，非常高兴。

看到大家都很高兴，老同事心里有些愧疚，所幸的是，大家都没有觉察到他说那句赞美的话时的真正想法。从那以后，那位老同事改变了讽刺的习惯，开始真心称赞起这位同事的穿着。

没想到，渐渐地，这位同事的着装品位不断提高，以至于他现在已经成为团队中的时尚专家。

由此可见，赞美比讽刺和批评的话更能激励人。不过赞美必须是具体的，而不是为了夸对方好看，而将其简单地描述为“男神”或“女神”，这将产生相反的效果。当我们赞扬和肯定他人时，最好要找准对方认为非常重要的地方。

正面的话语也不一定只是在面对面的时候讲，如果在与他人交谈时提到某人，你也可以表达一些积极的话语，当这种欣赏之意传达给他时，效果可能会比面对面交流更好。所以，无论是在别人面前还是背后，都不要吝啬于赞美。

2. 爱的第二种语言：用心陪伴的时刻

所谓用心陪伴的时刻，就是你把所有的注意力都集中在某个人身上的时刻。

一个人最宝贵的除了时间，还有注意力。当你把所有的注意力都集中在对方身上 20 分钟，一起完成一件事，彼此之间的感情就会得到大大的改善。

试想一下，当你和家人或朋友去餐厅时，对方全程看着手机，在整个用餐过程中都没有和你说上两句话，那么你还能愉快地用餐吗？对不少家庭成员或朋友来说，问题不在于陪伴的时间长短，而在于他们是否真的把注意力放在了配偶和孩子或朋友身上，也就是陪伴的质量。

有很多时候，我们都希望引起别人的注意，希望别人理解和感受我们的情绪。当你发现同事为工作遇到困境而哭泣时，如果去认真关心和倾听对方的讲述，你就会发现，他的情绪会好很多。事实上，他不需要你来解决任何问题，需要的只是你给予他的注意和倾听。

所以，当我们与他人说话时，要保持眼神交流，通过对方的肢体语言去理解他的情绪，并传达你所有的注意力，给予你所有的关注。这样，对方就能在与你的交流中感受到真心。

3. 爱的第三种语言：礼物的馈赠

礼物是一种爱的视觉符号，所以，礼物本身是否有价值并不重要，重要的是你能够想到对方，并以礼物的形式表达出来。

有些人喜欢送亲人或朋友一些小礼物，并且非常重视送礼物时的仪式感。这就代表着，他们也喜欢收到他人送的礼物，以及他人送礼物时的仪式感。

有一位古典学老师曾分享过他的一个送礼小秘籍。因为专业的原因，他会经常接触到一些与众不同的物件，这些物件在市场上很少能接触到，所以，每次当他出差或购物时，遇见一些独特的价值也不算太高的小物件，就会花钱买下来，然后把它们通过各种有趣的方式，出其不意地送给朋友们。朋友们收到礼物后，通常都会非常感动，认为这些独特的礼物代表了自己在他心中的独特的位置。

对于那些接受礼物的人来说，礼物的价格并不重要，重要的是送礼物者的心意。而当他们接受了你的心意之后，也一定会以不同的形式加倍回馈于你。给亲人和朋友买一些他们需要的或者想要的礼物，有时候是你表达自己心意最简单的方式。

4. 爱的第四种语言：服务的行动

所谓服务的行动是指试图通过为他人服务来获得对方的认同，通过付出来表达你的爱。那么，怎样的服务行动才能打动对方呢？很简单，找到对方在行动方面的爱的语言，做他们需要的就可以。

比如，妻子经常把家里收拾得井井有条，或许她们不擅长表达积极的话语，也不喜欢送礼物，但这正是她们表达爱的方式，也就是她们的爱的语言。作为丈夫，就可以通过做家务，为家庭付出劳动来表达爱。因为这种表达方式是这类妻子最需要的，也是她们最能读懂的、希望得到的爱的语言。

在职场上，团队中往往会有一些人，他们从来不介意为其他同事分担工作，这其实也是他们的爱的语言。如果想要对这些人表达你的爱意，就可以主动询问他是否需要自己分担一些工作。

请大家记住，爱的语言也有“方言”。当你真的想达到表达情感的效果时，一定要使用对方最喜欢接受的方式。

5. 爱的第五种语言：身体的接触

对情侣来说，牵手拥抱可能是大部分人表达爱的方式。而在工作中，身体的接触也同样可以表达许多情绪。

从最简单的握手礼仪来看，我们握手的力度就可以向对方传达一些重要信息，此外，一些人也喜欢拍拍同事的肩膀来表示鼓励。在工作中，爱的语言可以帮助你与同事建立正面的情感互动，让大家工作得更快乐。在这种轻松的工作环境之下，为团队创造出更大的效益和更优秀的成绩。

不过，也有一些人天生对身体接触非常敏感，当你轻拍某人的肩膀以表示鼓励和支持时，对方可能会不自觉地后退。这些行为有时候与同性或异性无关，也与对方是否喜欢你无关，他 / 她只是不习惯与他人有肢体接触。此时，你就要明白，身体接触并不是对方所能接受的爱的语言，那么你就要因人而异，可以换一种语言，以避免出现不必要的麻烦和误解。

只要你用心去对待他人，就能够感知到对于不同的人，要使用怎样的爱的语言。

简单地说，在我们每一个人的身上，都有一把打通与他人的关系的钥匙，这把钥匙就是爱。虽然这是一把看不见的钥匙，但它能够打开这个世界上几乎所有的心门。

人与人之间的距离，其实是心与心的距离。人与人之间的关系，说到底也是心与心的关系。如果拥有了爱，天涯亦是咫尺；如果没有爱，咫尺亦如天涯。

我们在一生中会与无数的人相逢，需要处理无数的关系。不要以为只要读足够多的书、学足够多的谋略就能处理好这些关系，在现实生活中，很多高学历的人往往处理不了身边的关系。谋士或许懂得用兵之道，却不一定懂得俘获人心之道。

所谓大道至简，最高深的道理往往蕴藏在最朴素的道理之中。而获取人心、处理好与他人关系最厉害的谋略，就是用真心去爱人。爱比任何谋略都要管用，无论什么时候，只要以真心对待他人，他人就会对你敞开心扉，相反，如果你玩套路，那么就会失去他人的信任。

有些人表面和别人站在同一战线上，可背地里却不知说了多少坏话；有些人看似和别人无话不说，可实际上却是在给别人下套。那些总想着通过牺牲他人来成全自己的人，是永远得不到别人的爱的，没有人是真的傻，有的时候只是不想说破，不想让关系太难堪。如果你为了蝇头小利而伤害了在乎你的人，或者为了名利地位出卖了信任你的人，那么别人的心门就会永远对你紧闭，你也终究会失去所有人的爱。

我们终此一生，都在尝试打开别人内心的那道门，但很多人费了很大劲去努力开锁，都无法打开他人的心门。为什么呢？就是因为这些人往往以己度人，认为名利能够买来人心，但他们都用错了方法。你自己拥有什么钥匙，就能打开什么锁。你用名利打造的钥匙，只能打开利益交易之门，你们之间的关系也只能停留在利益交换的层面。

人的心门，只有用爱打造的钥匙才能打开。这样，你与对方的关系就能够不受世俗的利益影响，甚至能让对方心甘情愿为了你损失自身的利益支持你。

有人说，人与人之间最牢固的关系是利益。这其实是一种偏见，因为你不可能永远能给他人提供利益，对方也不可能一直能给予你利益，这种关系的替代性太强，无法给人们带来长远稳定的关系。一旦没有了利益，那么对方与你的关系也会随之停止了。所以，建立在利益之上的关系，不仅是不牢固的，更是危险的。

还有人说，真心不一定能换来真心。不可否认，在日常生活中，的确存在真心换不了真心的情况，但错的并非真心，而是关系中的人。爱能成全任何关系，却无法勉强改变一段错误的关系。我们不能把精力浪费在无谓的关系之上，要懂得取舍，要懂得辨别哪些关系值得我们长远地去付出、哪些关系需要及时止损，才能成全我们身边最宝贵的关系。

请记住，如果你无法处理好与他人的关系，那或许是因为你的钥匙拿错了。别人怎么对你，取决于你怎样对待别人。

爱，会给人带来幸福和温暖。只要我们拥有仁爱之心，就能唤醒他人对我们的善意，与此同时，你自己的幸福感也会油然而生。所以，在人际交往中，无论是亲人、朋友还是同事、陌生人，要想彼此和谐相处，就必须要学会互帮互助。你施之于他人，他人会回敬于你；你给世界几分爱，世界会回你几分爱。

我们要用内心的爱，去帮助遇见的所有人，成全自己与他人的关系，这样才能感受到更多人与人之间的温情，在你孤立无援的时候，也才能得到他人的帮助。我们从中得到了帮助，帮助你的人也实现了人生的价值，这就是一种爱的传递。

三、无私者，众助之

你最讨厌什么类型的人呢？想必每个人的答案都不太一样，因为大家的性格不同，想法也会有所不同，答案肯定也是包含了不同的方面。

但是，如果一个人说他最讨厌自私的人时，可能每个人都会非常同意这种说法。

自私是一种非常不好的品质。具有这种品质的人往往不会被别人喜欢，每个人通常都会选择远离自私之人。至于这样的人，他们也往往不知道自己为什么会被大家疏远，也不会有人愿意告诉他答案，因为他的自私，导致他无法交到能够以真心相待的朋友。

在现实生活中，有些人为了达到自己的目的，甚至不顾他人的利益，牺牲他人，给他人造成伤害和麻烦。特别是在感情方面，如果一方在亲密关系中表现出极大的自私，那么这段关系必然会受到伤害，无法长久发展。

事实上，有很多方法可以区分一个人是否真的自私。自私的人会在生活中的很多方面表现出来。他们大多具有以下特点。

首先，不管你付出再多，他都认为这是理所当然的。

在人与人的关系中，那些非常自私的人通常有这样一种心态：既然你和我在一起，你为我做的就是对的。这样的人，他们已经习惯了他人的付出，不会理解他人的付出，更不会感激他人为他所做的一切，他们只知道如何不断地向他人索要。当他人厌倦了他的盲目要求时，他会感到非常失望，甚至试图报复他人，通过损害对方的声誉来实现心理平衡。当你遇到这样的人时，必须尽快远离。

其次，总想控制他人的行为，或道德绑架他人。

自私的人通常喜欢在道德上绑架他人，控制他人的行为，并用自己的行为准则要求对方，不管你能不能做到，他们都不会在乎你的感受。如果你做不到，他们就会用道德绑架你。经常挂在他们嘴边的，都是“你应该做什么”这类的话。他们不会考虑实际情况或理解别人的困难，而只会站在道德的最高点上，向他人提出问题，迫使他人听从自己的意见。

再次，喜欢逃避责任，而且非常固执。

自私的人通常没有责任感。他们习惯于逃避责任，而且总认为自己是对的，不会听取别人的意见。当遇到紧急情况时，他们想的一定是如何撇清自己的关系。

自私是人的本性，但人之所以成为人，是因为我们可以控制自己的本性，遵守社会规则。每个人都渴望更好的生活，轻微的自私可能会有损你的优雅，而过度的自私则会让周围的人离你越来越远。

太多个性的背后，都藏着自私的影子。在现实生活中，道路上经常会有开车的司机、骑车人和行人。你会发现，开车的司机很讨厌那些不遵守交通规则的骑车人和行人，他们会认为有些人仗着自己骑的是自行车，就到处乱闯乱窜，不遵守交通规则，而行人更是肆无忌惮。而对于骑车人和行人来说，他们则非常讨厌那些开车闯红灯、乱按喇叭的司机。

人都是自我的，折断他的指甲比知道你的胳膊断了会让他更痛苦，这种心态很正常。绝大多数人的喜怒哀乐都是为了自己的得失，但是你不能过于以自我为中心，只考虑你自己的感受。在某些团队中，很少有互相帮助的情况发生。即使大家都有空闲，也从不主动去问忙碌的同事一句："你需要帮忙吗？"因为他们觉得这不关自己的事。可问题是，如果你今天不帮助别人，明天就没有人会帮助你。

有人说，在职场上没有真正的朋友。虽然这种情况比较普遍，但是也不能否认，还是有人能交到很多朋友的。关键在于：在别人把你当成朋友之前，你必须先把别人当成朋友。尤其是对于初次进入职场的年轻人来说，更不应该过于以自我为中心，而是要真诚待人，当你有能力帮助他人时就尽量去做，这样自然就能得到他人的真诚相待。

为什么有些人的能力并不是非常出色，却升职非常快？除了一些极端情况以外，在很大程度上是因为他是一个无私的人。如果别人帮助你，你会感激；如果你帮助别人，他们也会想着报答你。如果你帮了别人一次又一次，那么当公司通过匿名投票的形式来推选领导的时候，大家是不是自然而然地就会想起那个帮助过自己最多的人呢？试想一下，你是愿意一个自私的人做你的上司，还是一个无私的人？答案显而易见。

不过，这并不是说你付出后马上就能得到回报，比如昨天请某位同事吃完饭，今天就惦记着对方为什么不回请我，这种想法就太狭窄了。你必须在春天的时候播种，在秋天的时候才能收获。

还有不少年轻人喜欢持这样一种观点："拿多少钱做多少工作"，乍一看似乎很合理，但是这样一来，你可能就会对自己该做什么和不该做什么分得非常清楚，而你越自私，得到的就越少。

老子曾经说过："天地所以能长且久者，以其不自生，故能长生。是以圣人后其身而身先，外其身而身存。非以其无私邪？故能成其私。"

简单来说就是，天地之所以能长久存在，是因为它们不是为了自己的生存而自然地运行着，所以能够长久生存。同理，圣人总是把自己置于众人之后，遇事谦退无争，他反而被众人推举在前；把自身置之度外，他反而能获得长久的安稳。这不正是因为他无私吗？所以才成全了他的大私。

圣人不是那些最有才华、最富有、最有地位的人，而是能够成全他人、事事把自己放在最后、无私无欲的人，这样的人做什么事都能获得成功。

无私的人无欲，无欲的人清醒。只有怀着一颗无私的心，不盲目追求蝇头小利，在面对利益的时候懂得谦让，才能以清醒的态度去看清眼前的事，避免被利益蒙蔽双眼。也只有这样的人，才能带领众人做出正确的判断，才能得到众人的爱戴和帮助。

当然，要到无私无欲，对于我们大部分人来说是非常不容易的。人们对于利益的追求是天性使然，普通人是很难驾驭自私的欲望的。从古至今，并不缺少手足相残、君臣互斗、战争冲突等事件，而罪魁祸首就是人性中的私心。很多人执着于自私，就是为了得到更多。但其实，唯有无私，才能成就大私！

清朝时，曾国藩在危难之际，成为湘军的统帅。不过他刚开始总是打败仗，还不得人心，久而久之，军队中的能人志士纷纷离他而去。

曾国藩为此很是头疼，于是就向幕僚赵烈文询问对策，赵烈文回答说：当今天下大乱，这些有识之士为什么聚集到您的身边来呢？他们除了要成就一番事业以外，更重要的是为了现实的需求，吃饱饭、穿暖衣。如果生存都得不到保证，还谈什么人生理想呢？您是大帅，吃穿不愁，当然可以不“汲汲名利”，但普通的士兵，他们不仅要养家糊口，还要谋取个人前程，目前当然还做不到无私为国，付出了得不到奖赏，他们离开是自然而然的事。所以，您要“集众人之私，以成一人之公”。

意思是劝诫他，想做一个有作为的领袖，就要利用众人的私心来做事，以成就一个人的公义。

听了这番话，曾国藩豁然开朗，于是把自己获得的奖赏，拿出一大部分来，奖赏给了那些有才能的将领与幕僚。他这样做了之后，很快就聚集了士气，扭转了局面，在后来的战争中屡战屡胜。

这其实就是“无私为大私”的表现。自私的人没有口碑，也就无法聚集人心，而无私的人舍得付出，不怕损害自己的利益，自然会“得道者多助”，收获到更多。大禹治水，三过家门而不入，是其无私；受到众人拥戴，最终得到天下，而成其私。

曾有一位著名的企业家说：“当你是一名普通的员工时，目标是怎么才能让自己变得更优秀；而当你是一名领导时，目标就是怎么才能让自己的员工变得更优秀。”

如果你想成为一名领导，获得更高的成就，就要舍得付出，与员工分享收益，来鞭策员工发挥出他们最大的能力，并留住人心。

这就是所谓“无私者，众助之”。大公无私的人，往往能够成就自己的“大私”。很多品德高尚之人终其一生都在帮助他人，最终获得了世人的尊重与敬仰，成全了自己的理想。

希望通过这一章的分享，能够给大家带来启发。

我们只有以天地立心、以众生为生，舍弃自私之心，才能体会到清风明月、高歌吟唱的乐趣。

自古以来，无私和爱的力量是最强大的。只要你足够无私，就没有不能完成的事情；只要你有足够的爱心，就能成人不能成之事。

希望大家都能培养出一种强烈而明亮的爱，为他人照亮黑暗的尽头。如果我们一味哀叹世界的黑暗面，却不愿意为它点亮一盏灯，那么最终我们人人都会陷入黑暗之中。

人之所以不同于动物，是因为我们有一颗牺牲自己造福他人的心，一颗隐藏的同情之心。为了他人牺牲自己不仅是一种豁达的生活态度，也是一种最高尚的精神品质。而一个人最本能的同情心，则体现在日常的尊老爱幼、扶贫助弱等上面，这些普普通通的行为，也能够像阳光一样照进每个人的心田，照亮更多人的生命。

第三部分

经营之舍

舍，对我们来说，是一种智慧，更是一种福气。在该舍的时候舍去，才能得到更多。先舍后得也是一种“抛砖引玉”，有时候只有把砖抛出去才有可能引出玉，否则我们最终只能得到一块砖。

做人做事要懂得舍和得，经营企业同样要懂得舍和得。在充满挑战的时代，我们必须先去除心中多余的杂质，才能以“空杯”心态充实成长。企业家要勇于舍掉自己的一些坏习惯，比如功利之心、懒惰之心、贪婪之心等，同时以谦虚的心态不断学习新的知识，才能更新转化，并带领团队扭转命运。

经营企业，就是要舍常人所不能舍，才能得常人所不能得，这也就是吃亏在前，享受在后。舍与得，两者永远是相辅相成的。作为企业经营者，唯有舍去自我，甘于付出承载，才能吸引到更多的人才；唯有舍去眼前短暂的利益，才能得到与合作者共赢的持久之道。

每个人的一生，其实都是在践行“舍得”二字。如果我们能够把握好舍与得的尺度，就相当于找到了成功的金钥匙。当年，著名的英语培训机构新东方创始人俞敏洪，就是靠着舍得二字，从一名普通的人民教师一路打拼成为亿万富翁。他的每一步成功，都是先舍后得的经典范例。

俞敏洪曾说过自己并不聪明，考大学也考了几次，但他做事从来不计较得失，不介意吃亏，他觉得自己最大的成功秘诀，就是先舍后得。他曾经有一个竞争对手，对方是下岗女工再创业，后来遇到了很大的困难。如果对方的培训机构倒闭了，虽然他会减少一个比较强大的对手，但对方和机构里的老师们就会失去吃饭的饭碗，俞敏洪不忍心这么做，就帮助她渡过了这个难关。在别人遇见困难的时候，他非但没有落井下石，反而施以援手，所以俞敏洪在业界的口碑非常好，很多同行都不再把他当成对手，而是把他当成共享资源的朋友。此外，为了吸引人才，俞敏洪很大方地将新东方的股份送给了几位一起创业的朋友。几乎所有同学和朋友都认为，和他合作不会吃亏。正是借着舍得的经营之道，他吸引了大量的人才和他一起奋斗，最终将新东方推上了事业的顶峰。

从古至今，那些能够在业界取得一定成绩的公司，其经营者都是能够在关键时候运用舍得之道的人。

清朝的时候，有一家著名的绸缎店遭遇了一场大火，店里的东西都被烧毁了，包括一本记录了店铺所有账目的账本。

为此，绸缎店的老板贴出了一张告示：本店账本已被烧毁，凡是欠店铺钱的就此一笔勾销；而店铺欠了你们钱的，只要你们带着凭据来就能兑现。

老百姓们看了告示后议论纷纷，觉得老板这么做的话，绸缎店岂不是吃了大亏？

的确，绸缎店因此损失了不少钱，但令人没想到的是，老板讲信誉、不怕吃亏的口碑却因此传扬开来。不少合作伙伴都慕名而来，还有从国外来寻求合作的。因为他们知道，和这位老板合作，自己不会吃亏。

一段时间之后，这个绸缎店又恢复了往日的生机，之前亏损的钱也赚了回来。

很多人认为，做事业的前提就是要确保自己的利益，争取更多的回报。但其实做事业的智慧在于“舍得”二字。在账本被烧毁的情况下，绸缎店老板依然坚守信义，宁愿自己吃亏，也不愿意让合作伙伴吃亏。像这样的人，往往不会过于看重名利，也不会固执于旧有的事物，因为他们知道，有小舍才会有大得。一个人的心胸有多大，他能做成的事业就有多大。

有时候，看似是一种舍弃，实际上是在为更大的收获铺路。舍小利，谋大局，这才是企业经营者舍得智慧的精髓所在。

第七章　舍近求远

“深计远虑，所以不穷。”

下过围棋的人都知道，在对弈中，决定胜负的关键不在于眼前的优势，而在于你是否能比对手提前布局，多看几步棋。一般人是走一步看一步，只在意下一步棋能否占得上风，而高手往往不在意下一步他的棋子会不会被“吃掉”，甚至为了全局的胜利，他会故意牺牲眼前的棋子，以引诱对手落入圈套，从而获得全局的胜利。

下棋如此，做事亦如此。一个人应该始终保持长远的眼光，对未来充满希望，对胜利有信心。只有这样，我们在做任何事情的时候才会有前进的动力，甘心舍下眼前一些利益，朝着目标去努力。舍近求远，是我们在做事业的道路上必备的智慧之一。为了实现心中的长远目标，我们应该摆脱一些眼前利益的诱惑，舍弃小而获取大。

如果我们能够参透这种智慧，我们就能知道自己现在应该做什么，这样就不会轻易被眼前的一个小的利益所蒙蔽，就能把握好前进的方向，并坚定不移地采取正确的行动。

如果我们无法参透这种智慧，那么在通往成功的道路上，就会被各种诱惑蒙蔽双眼，被各种困难所打败。比如面对名利的诱惑时，目光短浅的人往往只能看到眼前的微利，沉湎于一时的成功，在困难面前很容易一蹶不振。

人生如下棋，只有目光长远的人，才能提前谋划到后面的五步、十步甚至更远的路要怎么走。无论做人还是下棋，只有把握了局势，才能把握住成功。

要想在成功的道路上走得更远，首先必须站得高、看得远。只有以长远的眼光看待问题，才能清楚知道自己未来会做什么，知道自己的进步方向和需要采取的行动。如果你只见树木，不见森林，经常计较眼前的得失，就无法看见长远的好处。有些时候，有些东西看似在短时间内是有利可图的，但从长远看可能会让你遭受很大的损失。

目光长远的人不容易被眼前的得失所迷惑，当他们面对各种诱惑时，可以坚持自己的理想，摆脱眼前利益的诱惑，去突破困难的桎梏。因为他们懂得舍近求远的道理，所以能够坚定不移地朝着目标前进。而目光短视的人，常被眼前的利益所迷惑，急于求成，最后只能被明天抛弃。

有一个年轻人，向一位富人请教成功的秘诀。富人拿了几个大小不同的瓜放在他的面前，问他："如果每一个瓜都代表不同程度的利益，你会先选择哪一个？"

"当然是最大的瓜啊！"年轻人毫不犹豫地回答。富人没有说什么，只是把最大的那个瓜递给年轻人，而富人则挑了最小的一个，两个人同时开始吃了起来。

很快，富人就吃完了手中的瓜，然后又吃掉了桌上剩下的几个瓜。最终，富人吃的比年轻人还多。因为富人最开始选择了最小的瓜，所以吃得快，而年轻人选择了最大的一个，吃得慢，等他吃完第一个瓜的时候，桌上的瓜早已被富人吃完了。

年轻人的选择看似很聪明，从长远来看，却遭受了很大的损失；富人的选择看似很吃亏，从长远来看，却占了大便宜。

接下来，富人又对年轻人说："放弃，就是成功的诀窍。做事不能只看眼前，而是要站在全局的角度去看。你不能只看见桌上最大的那个瓜，而是要盘算吃完这个瓜要花费多少时间，为了这个瓜要放弃一桌子的瓜到底值不值得。有时候，要放弃一点利益，才能赢得整体的利益。"

年轻人听了之后，大受启发。现在他终于明白，做事业不仅要看到眼前的利益，还要盘算长远的利益，以此权衡是否值得放弃眼前的利益。有时候，舍近求远反而能获得更多，也会成功得更快。

大多数时候，我们会觉得眼前的利益是最大和最好的，但当我们完成工作后才发现，这需要付出很多时间和精力。但如果我们用同样的精力和时间去做其他事情，虽然不会一次获得同样大的好处，但我们能够做更多的事，而这些事的总收益也远远比做一件事要大得多。

所以，要想有大的发展，就要拥有一定的战略眼光，不过于计较小的利益，要善于区分眼前利益和长远利益，要学会为了长远利益放弃眼前利益。

生命中，一切有意义的事都是需要等待的。想要达到自己的目标，在播种之后，就要学会去等待收获。把握当下，也要看得更长远。

在浮躁的名利场中，有的人看似是一夜成功，但是若仔细观察就会发现，所有的成功都离不开个人长期的努力和蛰伏，若非如此，得到的成功也难以长久。

一、要看向更远的未来

1. 舍近求远，是一种人生抉择的底气

什么是舍近求远？其实就是要敢于舍弃眼前的名利，以长远为布局，谋取更大的利益。

清代著名商人胡雪岩曾说过这样一句话：“做生意顶要紧的是眼光，你的眼睛看得到一省，就能做一省的生意；看得到天

下，就能做天下的生意；看得到外国，就能做外国的生意。”可以说，具有远见几乎是所有成功者的共同特点之一。

在生活中，过分关注眼前得失的人不会有太大的发展。同样，过分注重眼前得失的企业经营者也难以谋求到更大的成功。一家公司是否能够做大与管理层有着非常密切的关系，如果管理层有能力、远见、头脑和人脉，它自然会做得越来越好，财源滚滚而来。反之则不然。

不懂得舍近求远的人，往往会为了短期的利益，舍弃长远的获益。一家企业想要实现长远发展，最重要的就是规划好未来发展的方向，在走第一步棋的时候，就要看到后面的几步棋要怎么走。

有不少初创企业却本末倒置，常以未来的利益损失为代价来满足当前的需求，这无疑是自毁前程的做法。比如，有一个项目可以在短期内为公司带来高利润回报，但它会打破企业制定的价格原则，即将价格保持在最低水平。在这种情况之下，目光短浅的企业经营者很可能就会中了圈套，为了获取当前的利润而放弃原则，以最低的价格将产品卖出去。时间长了，企业失去竞争力，还能用什么与同行在一个赛道上角逐？这也是为什么有些人刚创办一家企业的时候，还能从中获得一定的利益，但很快就面临倒闭的原因。

在商场中，这样的例子比比皆是。我们经常会看到一些目光短浅的人，他们在决定是否做某事时只看重眼前的利益，而忽视长远的发展。

再给大家讲一个“螳螂捕蝉，黄雀在后”的故事，让我们看看短视的危害。

故事发生在春秋时期。吴王贪图功德，下令军队进攻荆地，却遭到所有官员的反对。大臣们都认为如果吴国在这个时候出兵，就会导致国内空虚，齐国就会趁机出兵攻打吴国。

吴王不听，还为此大发雷霆，警告众人道：“谁再胆敢劝告出兵，我就将他处死！”一时间，众大臣面面相觑，谁也不敢再多说一句话。

大臣中有一位正直的年轻人，下朝后心中仍惦念此事，无法安宁。他在自家的花园内踱来踱去，目光无意中落到树上的一只蝉身上，他立刻有了主意。

此后，每天清晨，他都拿着弹弓在王宫后花园转来转去，故意用露水弄湿自己的衣服，试图引起吴王的注意。

多日以后，吴王终于忍不住开口问道：“你这是为何？”

年轻人立刻鞠躬回答道：“您看前面的树上，一只蝉正在那里吮吸露水，但并没有发现后面有一只正准备捕食它的螳螂；而螳螂呢，也只专注于它前面的食物，并不知道它也是一只黄雀的目标。同样，黄雀想吃掉螳螂，却没有发现我已经拿着弹弓站在树下了。它们都只顾眼前利益而看不到后边的灾祸。”

他接着说，“听说大王想发兵攻打邻国，如果在攻打邻国的时候，别的国家趁机来攻打吴国，那吴国岂不是也像螳螂和黄雀一样，处在危险中而不自知了吗？”

听了年轻人的这番话，吴王沉思了很久，最终撤销了派兵令。

这个故事告诉我们，如果一个管理者目光短浅，不仅会害了自己，还会将集体推向灭亡。

短视之人总是把注意力集中在面前的一小块地上，常常为了一点甜头，而放弃更广阔的世界；而有长远眼光的人，永远不会被微利打动，始终坚持自己的长远计划，最终也必将取得更大的成功。

2. 只有站得够高，才能看得更远

生活就像一盘棋，有时我们需要学习的不是技能，而是布局。

只有目光长远，敢于放弃眼前一些蝇头小利的人，才能制定长远的战略。想法决定出路，为了成功，你需要改变你的旧观念，摆脱狭隘的自我，积极探索其他方法。改变一种思路，就可以找到一条新的道路，实现你的目标，达到一个新的境界。

只有具备长远目光的人，才能坚定信念，坚持理想，摆脱诱惑，一如既往地奔向遥远的目标，最终取得更大的成功。

有长远眼光的人往往能够一直保持心平气和。他知道自己想要什么，内心的平静，使他可以在繁杂的名利场上保持头脑清醒，无论再复杂的形势，都可以透过眼前的利益看到别人看不到

的东西，从而把握事物的发展趋势，在竞争激烈的社会环境中赢得生机。

而目光短浅的人往往被欲望蒙蔽了双眼，只能看到脚下的路，即使有很好的天赋和优越的条件，在成功的道路上也会受到眼前利益的诱惑，为此做出一些违反事物发展规律的行为，最终与成功失之交臂。

因此，有智慧的企业经营者，一定要懂得把眼光放得长远些，千万不要为眼前的一点小利而困惑，也不要太过在意一时的得失，为了实现我们的理想，我们必须冷静下来，与内心的自我沟通，认真思考我们在职业生涯中真正想要什么，这样才能始终保持长远的眼光，拒绝眼前利益的诱惑，从而走得更快更远。

我们要记住，站得最高、看得最远的人，是不会关注眼前无关紧要的事情的，而一名智慧的企业经营者必然要做那个站得最高、看得最远的人，唯有如此，企业才能有更广阔的发展。

二、胸怀万里放眼世界

怎么才能做到目光长远呢？首先，需要有远大的理想和目标；其次，要有海纳百川的胸怀。

树无根不长，人无志不立。远大的志向好比我们人生的灯塔，它能让我们看得更远，照亮我们前进的方向，在我们迷失之时，可以指引我们朝着目标坚定不移地前进。当年，秦国奋六世之余烈，才最终统一天下，远大的志向能够指引一代又一代人朝着目标去不断地奋斗。

正是因为大海的胸怀宽广，所以可以容纳众多河流。所谓“宽则得众”，只有拥有海纳百川的胸怀，才能容天下难容之事，这也就是儒家所倡导的“恕”。一个人有了宽大的胸怀，才能吸纳更多能人志士，才能够成就一番事业。

一座山上，有一棵小树和一棵小草长在一起。刚开始，小树长得比小草高。可几场春雨过后，小草开始了疯长，慢慢地就长得比小树高了。小草为此讽刺小树，说它连一棵小草都不如。

小树感到非常气馁，就对一棵大树诉苦：“我的理想是成长为一棵参天大树，可现在，我却连一棵小草都不如。”

大树告诉它：“欲成大树，莫与草争！既然你的目标是长成一棵参天大树，那么又何必与草争一时长短呢？”

“可现在连一棵小草也能比我长得高，我又如何能长成大树呢？”

“小草现在虽然长得快，不过到了冬天就会枯萎了。即使它长得再快，也无法成为一棵大树。如果你因为一棵小草就气馁，放弃自己的成长，那么就会埋没自己的天赋，你就永远也无法成为一棵大树。要想成功，就要把目光放得长远一些，记住自己远大的理想，如果你的时间放在计较他人的讽刺和不解上，还有什么时间去成长呢？只有拥有广阔的胸怀，才能达到自己最高的境界！只要你朝着自己的理想去生长，哪怕长得再慢，又何愁长不成一棵参天大树呢？”

小树听了大树的话，觉得非常有道理，不再理会小草的讽刺，只是努力地朝着阳光的方向生长，最终长成了一棵参天大树。

这个故事告诉我们，要想成就大事业，就要有长远的目光。试想一下，如果小树没有远大的理想和海纳百川的胸怀，又怎能沉得下心，耐得住流言，去努力生长呢？

做树如此，做人更当如此。只有循序渐进、厚积薄发，才能后来居上、生机勃勃，如果只争一时的长短，就会把时间浪费在无用的地方，最后一生碌碌无为。

三国时，曹操、刘备、孙权这三个人可以说都有做企业家的特质——善于识人、用人，并且都具有强大的人格魅力，这也是三人能够在群雄纷争中击败其他人三足鼎立的原因。但是三个人也有各自不同的性格、能力和创业背景。

三个人里面，曹操无疑是才能最为全面的，他的武力和谋略都很高，杀伐果断，是一代枭雄。最主要的是，他还是最早出来创业的，通过“挟天子以令诸侯”，获得了一定的资金实力和一批优秀的人才。

而刘备自身的资质相对来说其实一般，但他最大的优点就是敢想敢干，同时善于挖掘人才，懂得尊重员工，因此，在他的团队中，最不缺乏的就是文臣武将。

至于孙权呢，和前面白手起家的两位不同，他的江山是从父兄手上继承的，不过好在孙权不是纨绔子弟，他性格果断，善于用人，也是一个企业管理高手。

如果有上述这样三种类型的领导，让你加入他们的企业，你会选择哪一家呢？

一般来说，大部分人在选择企业时，都会考虑以下几点：工资有多少、个人发展空间有多大、行业的发展机会如何、企业有没有发展前景、老板怎么样等。而这几点的重要程度，对一个想获得长远发展的员工来说，是逐渐递增的。

首先，工资不仅是个人物质需求的反映，也是个人价值在这个社会市场中的体现，因此，在企业中的薪酬代表着老板对你价值的认可。

其次，在工资水平相差不大的情况下，员工更看重个人以及行业的发展机会，因为工作不仅是当前的，也是长期的。因此，人们更需要找到一个能够充分发挥他们最大能量的平台，让他们有机会从事对个人发展更有意义的工作。这样，通过几年的积累，才能打下比其他人更好的职业基础。

而企业发展的空间又直接影响到员工个人职业生涯规划和目标的实现。如果企业发展得好，员工自然会有更多的成长机会和收益；如果企业走下坡路，即使员工充满雄心壮志，恐怕也没什么用。当然，也不排除有人更愿意到小公司去寻求更高的职位和工作平台。

最后，在以上条件相差不大的情况下，一个求职者最看重的，其实就是老板个人是否值得追随。因为一个值得追随的老板，一定能够帮助员工实现前面的几点需求。

通过以上分析，再来回看这道选择题，你是否有了自己的答案？相信有不少人会选择曹操，因为他们认为这是一家规模大、效益好、工作稳定的国有企业。

也有人选择孙权，因为很多人不愿意离乡背井，孙权作为地方企业在当地根基更稳。同时，他们担心如果加入其他两个企业，在工作安排、晋升和加薪方面会受到地域歧视。

让我们看看当时著名的谋士诸葛亮是怎么选择的。

诸葛亮在加入刘备的队伍时，刘备只有七八个人，正被曹操追着打，但他依然选择了刘备。刘备到底是靠什么吸引了诸葛亮呢？

刘备从小就立志要重兴家国，虽然自己落魄不堪，以卖草鞋为生，但他终日不忘兴大汉、平天下之事，在他和曹操、孙权之中，他的起点最低，但志向并不比他们小。

在刘备创业之初，没资本、没市场、没品牌，对于这样的企业，大部分人都不屑一顾。因此，如果想要吸引到优秀的人才，必须另辟蹊径，首先就是打造个人品牌，树立一个爱才惜才的好老板形象；其次是采取主动方式，通过熟人推荐和“挖墙脚”来招募人才。

在曹操、孙权那里，初出茅庐的人基本得不到重视，员工要想升职，就得慢慢熬资历，但在刘备这里，不以工作经验论人才，只要有才华，一样能够得到重用。

很多人都知道，是刘备“三顾茅庐”的行为感动了诸葛亮。刘备前两次到茅庐请诸葛亮出山的时候，诸葛亮的态度都非常冷淡，但刘备并没有因此而恼怒。最后一次，刘备在见诸葛亮之前吃了几天的斋饭，彻底打动了诸葛亮。“士为知己者死”，正是因为有一个如此信任自己的老板，才使得诸葛亮义无反顾加入了他的团队，而也只有像刘备这样有远大抱负和胸襟的人，才能吸引到为他卖命的人。

如果没有宽广的胸怀，我们就会被困在碌碌无为的日子里，而无法挣脱。所谓“人能弘道，非道弘人”，人不能依靠外部的力量来拯救自己，能拯救自己的，终究只有自己。要实现自我救赎，挣脱眼前的困境，去拥抱更好的明日，在于释放自己的心灵，让它变得更加宽广。也就是说，要把自己置身于事业的奋斗中去，将心灵从生活的繁杂中、他人的质疑中、过去的仇恨中、利益的计较中解放出来，让它能够像大海般宽广。

古之能立大事者，必有坚忍不拔之志。胸怀小的人，总是庸人自扰，很容易就被一点小事影响。而胸怀宽广的人，更为宽容，也更得人心，他们目光长远，才能够看到长远的未来。

内心有多少容量，就能承担多大的责任。心胸宽广的人，能容他人难容之事，能放他人难放之事。墨汁可以污染一缸清水，却无法让大海变得污浊，这就是大海的度量。麦穗未成熟之时，高昂着脑袋，而成熟之后，只会谦虚地低下头，我们的内心越丰盈，就越有度量。

人们常说心有多大，舞台就有多大。心既是指志向，也是指人的胸怀。要想成就大事，就要有远大的志向和广阔的胸怀。即使当下实力还不够，但没有“野心”的人，就像没有舵的船，找不到前进的方向。而有“野心”的人，执着坚毅，远大的目标更容易激发出他们自身的潜能。

很多能够做大做强的公司，他们的老板必定是一个胸襟宽广的人，能够对下属宽容和爱护，让人甘心去追随。所以，一个人有多大的志向和胸怀，就能获得多大的成功。

三、舍功利，可致远

在这个繁杂的俗世里，有太多以自我为中心、自私的功利主义者。在他们的生活字典里，充满了“功利”两字。为了自己的利益，他们宁愿埋没自我的个性，甚至搞阴谋、走捷径。

大部分功利主义者都非常渴望成功，但是因为他们看得不够远，做事不能脚踏实地，最后导致什么都做不成。如果你想真正成功，首先就需要舍弃功利之心，一步一步踏踏实实地走。

1. 什么是功利之心

功利之心可以指功名利禄，也可以指功业所带来的利益，以及眼前物质上的功效和利益。

功利与道义是相对的，不少人就为了功利而牺牲了道义。尤其是在金钱至上的年代，人们很容易急功近利，难以专注在工作上。当一个人过于看重个人利益的时候，就只能看到眼前的蝇头小利，而忽略了后续的长远发展。

在日常生活中，我们常常能看到或感受到，功利心常常会不自觉地从心中升起，就像一个魔鬼一般，在我们的耳旁怂恿我们去做一些舍远求近的事。

2. 功利心从何而来

大部分时候，功利心是源于我们对成功和获得利益的渴望。

想要获得成功是人的天性。每个人都需要成功及其带来的愉悦感受，没有人喜欢失败，即使是那些不拒绝失败的人仍然会从失败中学习，而他的最终目标就是成功。

人们对成功的渴望是合理的，因为在生命的长期进化中，人们渴望成功的天性已经形成。然而，为了获得成功，功利心太重，又会让我们在做事情的时候，很容易产生功利主义。

追本溯源，个人功利主义又主要是受社会功利主义的影响。

在社会管理中，成年人对待孩子和员工的方式其实很相像：第一种是惩罚，第二种是奖励。比如，作为家长、老师，对待小孩的标准是：如果你听话，就能得到一颗糖；如果你不听话，就要去罚站。作为企业管理者，对待员工的标准则是：如果你完成了绩效，就给你奖励；如果不能完成绩效，就要扣你的工资。

而对于员工来说，这两种方法其实都反映了对他们的不尊重和不信任。当他们感受到不受尊重和不被信任时，为了试图“证明自己”，就会更加渴望成功，从而埋没自己的个性，或者用阴谋诡计去获得成绩。管理者的功利心，造成了被管理者的功利主义。同时，不被信任的后果就是，导致员工失去与你共同奋斗的决心。

如果企业管理者没有意识到这一点，在经营企业的过程中功利心太重，太过急于获得效益，就会损害企业的利益。比如某个销售员为了完成这个月的业绩，罔顾企业后续发展，以不合理的交易条件为诱饵，促进客户成交；某个程序员为了完成这个月的目标，随便设计页面程序，应付式交差，不管页面功能使用起来方不方便、用户体验如何等。这些行为无疑会给企业带来巨大的负面影响。

此外，功利心还会让人们背离自己的本性。比如学习本来是很有趣的，孩子们天生喜欢探索世界，渴望掌握技能，也渴望独立，其实他们很享受学习和探索的过程，但在奖惩制度之下，这些心态就很容易转变成为对成果的渴望，而非享受过程，行为也会从主动转变为被动。

在职场上同样如此，如果我们不能学会舍弃隐藏在人性中的功利之心，那么就很容易陷入外忧内患的境地。

对内，企业管理者的功利心，会让员工不注重过程，为达目的不择手段。一旦这种行为融入我们的企业文化中，那么企业中就会出现很多阿谀奉承、无条件顺从领导的人。这些人被功利主义牵制着，做事没有底线，会为了自己的利益任意碾压别人，罔顾企业的利益。而在功利主义盛行的企业中，这些人往往在领导面前又非常得势，有底线的员工斗不过，又做不到同流合污，只能选择另择高枝。最终，企业的损失不仅仅是无法挽回优秀的人才，更可怕的是，整个企业剩下的全是做事毫无底线的人。

对外，管理者如果只以得到利益为目的，所有的服务都是围绕着客户的“钱包”展开，那么还会导致以下问题。

第一，导致客户的忠诚度下降，持续消费力减弱，满意度降低。

第二，当员工被客户拒绝甚至粗暴回应后，会遭受极大的打击，自信心更弱，整个过程都处于比较压抑、难受的状态，从而影响服务品质。

第三，对企业口碑和持续发展力造成负向影响。

总之，如果企业管理者太过急功近利，就会被功利心牵着鼻子走，在企业内部生起一股功利主义之风。这股功利主义之风会降低整个企业的幸福指数，同时也降低了客户的幸福指数。

对于企业来说，如果员工在工作中总是注重功利主义，做起事情来就不会全力以赴。当有利可图时，他们会很努力；当没有利益时，就会随意应付。

没有人会喜欢被当作工具利用，客户也是如此，他们的身体和潜意识都会抗拒这种被当作工具使用的感觉。而功利心的本质，其实就是将客户当作达成商家牟利的工具，这会导致客户觉得自己受到了不平等对待：我给你钱，买你的商品就能得到尊重；我不给你钱，不买你的商品就失去了尊重。

总之，功利心会使得内外不安，扰乱企业发展的脚步。企业追逐财利是一件很平常的事，但利令智昏成了气候，就是管理者的罪过了。

在工作场所，可能每个人都有着不同程度的功利主义思想，功利主义有时候也是一种让人前进的动力，但当功利主义太重时，人的心理容易失衡，行为容易失范，本性容易改变。

功利主义太重，你就会更注重成果而非过程、注重外表而非内在、注重收获而非奉献，没有对错原则的区分。如果一个企业领头人是非难分，那么企业还能走上正确的道路吗？

3. 如何舍弃功利之心

其实，我们要学会不被功利之心牵制很简单，只要做到两点即可：面对金钱的诱惑不要动心、面对赚快钱的机会不要动心。要清晰地记住自己的核心竞争力是什么，经常要问自己的不是“想做什么”，而是“该做什么”。

在商界，我们经常能看到一些小有成就的企业家，对企业未来的发展很有信心，常常满怀豪言壮志地说："未来五年内要成为行业老大，八年内成为世界500强！"有远大的抱负是正确的，但遗憾的是，他们大多数功利心太重，不懂得脚踏实地，有抱负不等于自负，要知道，世界500强企业都是经过多年的积累，并非一朝一夕就能成功的。

近年来，我国的不少新生代企业家都比较习惯模仿别人，比如哪些项目热门就投资哪些项目、哪些生意能赚快钱就复制哪些项目，当然，不可否认的是，有不少人是为了上市圈钱。但对于想认真做事业的人来说，这种做法并不可取。如果人人都从别人那里买来生产线或以股权交换技术，创造不出来新的产品和服务，那么不仅仅对于国家发展不利，而且对市场而言，当产品都趋于同质化之后，市场竞争就会达到白炽化的地步，当热度渐渐散去，大家就可能都没钱可赚。因此，做事业首要的是不能浮躁，要沉下心来，下功夫创造具有核心竞争力的品牌。

总之，创业者绝不能浮躁，不能急功近利。在开拓事业的过程中，一定要保持冷静的头脑，多向优秀的成功企业家学习。

通过本章的分享，希望大家都能够参透功利之心对我们实现理想的危害。

最伟大的放弃之一，就是舍弃功利之心。现实中，为了追求更好的生活，大部分人到处寻找所谓"有用"的东西来改善生活，提高幸福指数。只是在寻找"有用"的东西时，他们往往忽略了许多看似“无用”的东西，它们才是生活中不可或缺的财富。凡事都追求“有用”，就是一种功利心在作祟。但很少有人能认识到，很多“无用”的东西反而都是最“有用”的，比如开阔的胸怀和眼界，比如无私的发心，等等。

如果在与他人交往的过程中，事事追求“有用”，那么别人也会以他的世俗价值来衡量与他之间的关系。当有朝一日对他们而言不再“有用”之时，那么这些人就会毫不犹豫地将对方从通信录里删除。同样，如果他们对你而言不再“有用”的时候，你也会想都不想就将对方拉黑。

大家可以试想一下，每当陷入困境时，是不是往往正是那些看似“无用”的人在互相帮助。因为真正的朋友是“无用”的，是不以功利为交往前提的。他们不是通过拥有来衡量友谊的深度，而是通过亲密的程度来决定他们内心的方向。要成就大业同样应该如此，眼睛不要只盯在眼前的利益上，我们必须学会做一些“无用”的事。

第八章　舍旧谋新

“苟日新，日日新，又日新。”

你是否常常有这样的疑惑，为什么近年的生意越来越难做，钱越来越难赚了？

有很多人都说市场环境发生了变化，多少工厂倒闭了，多少商店关门了。那么问题来了，到底是市场的问题，还是做生意的人的问题呢？

有人说是因为互联网的发展，大家都去网上购物，有人说是因为市场竞争越来越激烈，有人说是因为成本上涨挤压利润，还有人说地方政府的支持不够。不管如何，每个人都有自己的理由。

在面对困境之时，人们习惯了寻找外因，却很少有人会认真思考内因，即使是智勇双全的企业经营者们也不例外。我们在前面就说过，当面对挫折的时候，只有向内求才能找到改变的方法。毕竟，内因是造成外在困难的“根”所在。

一棵树枯萎了，是阳光不照射它造成的吗？固然有一部分的天气原因在，但更多的，应该是这棵树没有主动去寻找阳光。

在热带雨林中，有一种棕榈树，根系非常发达，还会随着阳光照射的方向不断生出新的根系。当某一区域的阳光比较多时，这种植物的新根就会偏向那一个方向生长。而当新的根系长出，旧的根系枯萎时，整棵树就会随着新根往有阳光的地方偏移，就这样，这种树终其一生都在不断地寻找阳光。

做生意也是如此，除非你是被人捆缚住手脚，否则连一棵植物都懂得主动寻找阳光，更何况是我们。在这个快速发展又充满自由的时代，我们都应该学习植物的精神，敢于舍旧谋新，跟上时代的步伐。

人被困在当下，就该及时“转念”，做生意也是如此。外在的市场变化是人无法轻易改变的，那么我们就只能去适应市场的发展规律。

近年来，实体经济正在转型，这是对人们新的生活方式的积极适应和自然消除。而各行业创业门槛也随之增高，部分行业竞争格局逐渐形成，但机会总是广泛存在的。

所谓“苟日新，日日新，又日新”。在这个瞬息万变的时代，科学技术日新月异，知识更新周期加快，我们再也不能像我们的父辈那样守着一份工作到老，也不能再啃老本了，旧知识和经验已经不再适用于新的社会。世界进步了，人也不得不进步，我们要不断地往脑子里注入新的知识，不断升级大脑配置，通过不断的学习，才能进行自我迭代。

举个简单的例子，在这个时代，买什么东西都需要用手机扫码。如果卖家还是固守旧的交易方式，坚持客户用钱来买单，那么可想而知他的生意就会少得多。因为现在人们接收信息的方式、消费习惯已经发生了改变，特别是年轻一代，他们甚至连纸币都没见过几回。如果不跟上未来消费主体的思想和习惯，不进行相应的改革和创新，那么就会失去未来市场的所有机会，甚至遭受巨大的损失。

每个新行业出现，就一定会带来新的机会。同时，每一个老行业的背后，也都会有无数商业模式转型的可能性，这也是新的机会。可以这么说，市场变了，但市场的机会还是一样多，就看老板们能不能从内开始“转念”，舍旧谋新，改变原有的旧思想，去与时俱进了。

一、舍其旧而新是谋

我们先来看一个小故事。

春秋战国时期的晋国，有一位很出名的国君晋文公，也就是大名鼎鼎的重耳。重耳遭到骊姬之乱的迫害，离开晋国开始流亡生涯。他在各国颠沛流离近20年以后，终于在楚国的帮助下，回国继承了王位。

当时，楚国非常强大，许多小国都臣服于楚国。为了称霸群雄，晋文公决定先在诸侯国中树立威信。在这个过程中，晋国为了曹、魏、宋三个小国，得罪了楚国，晋、楚反目成仇。楚国派大将子玉前去和晋军作战。

在两国即将交战之际，为了回报楚国当年的恩情，晋文公信守当年的承诺，把军队撤退到90里外，以报答楚王的优待。然而，楚国的将军子玉仍然决心与晋国作战。

晋文公感到非常郁闷。他听到大家都在说："我们国君德行高尚，但是楚国不领情，我们应该放弃对楚国的旧盟约，'舍其旧而新是谋'，才能建立新的功劳啊。"

晋文公听了以后，幡然醒悟，马上重振军队，最终打败了楚军，称霸诸侯。后来人们把"舍其旧而新是谋"简化为"舍旧谋新"这一词语。

所谓舍旧谋新，就是要求我们无论做任何事，都应该要日新月异，追求进步，一旦发现旧的方法不适用的时候，就需要及时采取新的方法，才能够得到更好的效果。

为什么我们要舍旧谋新呢？舍旧谋新的意义何在？

首先，陈旧的思想是制约企业向前发展的主因。

"以史为镜，可以知兴替；以人为镜，可以明得失。"历史上晋文公的故事，已经给我们的企业带来了启示：改变企业现状，实际上就是一个如何舍旧谋新的问题，而只有解决思想上的问题，才能真正实现振兴；如果不能舍旧谋新，下狠心转变顽固的思想，那么之前的成果也会前功尽弃。

其次，企业经营者的认知就是企业发展的天花板。

有句老话说得好："企业老板都是在赚认知范围内的钱，一个企业能走多远，要看领导者的认知高度和领导能力。"因此，要想获得更好的发展，作为一名企业经营者，就需要通过不断学习，增加洞察力，开阔视野，提高认知能力。

企业经营者不仅要有做事的能力，还要有创新的认知。在创业初期，企业经营者应该主要考虑如何把事情做得井井有条，好好找准一个方向，脚踏实地、循序渐进地做好事情。

但当企业发展和成长缓慢时，就需要企业经营者去了解和熟悉国家经济走势、区域经济走势和行业发展趋势。只有把握趋势，才能正确制定企业发展战略，通过不断创新商业模式，使企业跟上时代脚步，引领市场潮流。

再次，只有勇于创新，跟上形势，才能与时俱进。

创新是一个国家、一个民族发展进步的灵魂和不竭动力。对于一个企业来说，找到活力和出路是必要的条件，创新是企业生存和发展的基础。

创新是个体根据一定的目的和任务，利用所有已知的条件产生新颖而有价值的结果的活动。创新可以促进企业组织形式和管理效率的提高，使企业不断提高效率，适应经济发展的要求。纵观当代企业，只有不断创新，才能在竞争中占据主动，立于不败之地。对于一个企业来说，创新可以包括很多方面，如理念创新、管理创新、产品创新、技术创新、营销创新等。

1. 理念创新

理念创新是企业创新的前提。这就要求企业要有开阔的视野和胸怀，能够以海纳百川、面向世界、聚焦同行的态度，积极学习进取，在企业经营理念、生产理念等方面不断创新、突破和采取措施，使企业理念跟上甚至超越市场发展的步伐。

2. 管理创新

管理创新是企业创新的基础。管理创新主要体现在知识在管理中的广泛应用和管理的进一步科学化、系统化。通过管理创新，企业可以重新整合人才、资本、科技等各个方面，进一步增强自身实力和市场竞争力，为可持续发展打下坚实的基础。

此外，企业还可以充分有效地利用企业人力资源进行管理创新。我们都知道，人才是企业发展的生命力，通过合理的人力资源管理，能够有效吸引大批有能力、有思想、有动力的人才，促进企业各项工作的有效推进。

3. 产品创新

产品创新是企业创新的关键。说到底，企业的运营和客户的需求都是通过企业的产品和服务来体现的。产品和服务是企业在消费者心中的名片和代表。为了满足消费者日益增长的物质需求，保持企业的可持续发展，必须通过创新提升产品的人性化特征和有效性，不断生产出价廉物美的产品，以赢得消费者的青睐。

4. 技术创新

技术创新是企业创新的核心。科学技术是第一生产力。现代企业的竞争越来越依赖于科学技术。目前，加强技术创新已成为现代企业发展的新趋势，企业技术创新分为原始创新模式、追赶创新模式、地方创新模式、市场创新模式、标准领先创新模式等。无论哪种创新模式，企业都需要进行适当的合作创新，并引入一些关键技术。而合作创新和技术引进战略的目的是减少资本和人力消耗，获得更先进的技术，尽快赢得市场机会。

这不仅可以为企业省下大量的时间和物力、人力和财力，更重要的是，可以提高企业的技术含量和技术创新能力。因此，企业管理者应该以自主创新为主要发展战略，努力提高技术创新水平，确保企业在激烈的市场竞争中提高核心竞争力。

5. 营销创新

在市场经济条件下，随着营销环境的变化，企业营销活动面临着诸多挑战，不少问题需要通过营销创新来解决。我们要积极适应新的市场环境的要求，将新的营销手段融合到企业环境中，最大限度地提高顾客满意度，进而提高顾忠诚度，增强企业抵御市场风险的能力。而营销创新，也是企业持续稳定高效的重要保证。

现有企业已经知道如何进行管理，需要学习的是如何成为一个创业者和创新者。那么如何才能及时将“旧观念”转变为“新思路”呢？成功没有捷径，尤其是在竞争激烈的商场，如果有，那就是学习。

二、知识是创新的力量

古语有云：“少而好学，如日出之阳；壮而好学，如日中之光；老而好学，如炳烛之明。”少年时喜欢学习，就像刚升起的太阳一样光明灿烂；壮年时坚持学习，就像中午的太阳那样旺盛；年老时好学不倦，就像蜡烛那样的微芒，也能照亮一方。

无论我们处于哪个年龄段，知识都是我们生命中的光，它不仅能滋养我们的心田，而且能让我们一直看到希望，找到成功的方向。

可能有人会问：那是普通人该做的事，而企业经营者懂得用人就行了。都做老板了，为什么还要不停地学习新知识？更何况能做到老板的人，本身的综合能力已经比一般人强了。

这话的确有一定的道理，不少企业经营者无论在企业管理还是人才培训上都很优秀，公司上上下下的人都很敬佩他，但是，善于学习新知识的人更能让企业获得长久发展。事实证明，企业经营者如果不在学习上下功夫，就要在经营和竞争上付出代价。

1. 过去的成功不代表未来的能力

有不少企业经营者都取得过不错的成绩，但是某些人的成绩不是因为能力突出，而是因为行业的优势。企业经营者要做的不是去不停地追逐风口，而是要提升自己的能力，能够在行业优势逐渐降低的时候，加强企业优势。

企业的发展过程是一个波浪式前进的过程，当企业发展放缓之后，如何再创造出新的成绩，也是企业经营者必须要面对的问题。无数取得过辉煌成就的大企业，实力雄厚，仿佛永远不会倒下。但它们垮塌的时候，速度之快往往让人胆寒，措手不及。

学习不仅是积累的途径，更是创新的基础。举例来说，在新的政策实施之后，很多补课机构因此受到打击而纷纷停业倒闭，就连著名的英语培训机构新东方也不能例外。那么，他们又是如何在危机下谋得新生的呢?

这几年，直播带货很流行，而新东方的高层们马上学习和借鉴了这种新的商业模式，推出了东方甄选直播平台，在企业内部对管理人员和员工进行新媒体知识的培训，通过学习新知识、利用旧知识，来力挽狂澜。与其他“简单粗暴”的直播不同的是，他们的直播间一边介绍产品，一边进行英语教学，用文化与知识的加持，创造出一种新的直播形式，在时代的巨变中重获了新生。

“学问之道无穷，而总以有恒为主”，曾国藩的这句话是在告诉后人，学无止境，而事业的成就也无止境。当我们获取了一项事业的小成功之后，仍要不断前进，才能从一次成功走向更大的成功。

成功只有开始，没有终点。如果你走了一千里之后，就停止学习新的知识，那么就永远无法到达更远的地方。

2. 企业经营者的见识决定企业的高度

俗话说：兵熊熊一个，将熊熊一窝。企业经营者是企业的决策者，就像汽车的发动机，其能力决定着企业的高度，其认知决定着企业的境界。为什么在刘备最穷困的时候，诸葛亮依然选择跟随他？企业经营者如果不坚持学习知识，怎么提高能力？如果不学习，怎么能让优秀的人甘心为你卖命？

3. 不断学习才能发现问题

人的视觉有盲区，企业经营者在经营企业的过程中也有盲区，所谓“当局者迷”，企业经营者不知道自己的问题在哪里，就是其认知盲区。而学习就像是一面镜子，能够让你发现自己懂什么、不懂什么。

当前的市场环境和格局已经发生了变化，世界正面临着一个世纪以来从未有过的巨大变化，中国的经济布局也发生了根本性的变化，依靠资本圈地、依靠人口红利扩张和发展的时代已经一去不复返。我相信很多企业都感受到了，成本越来越高，竞争越来越激烈，淘金时代已经过去，炼金时代已经到来。

我们正处在信息和知识爆炸的时代，“互联网 +”的出现让所有信息都变得非常透明，不少因为信息差所造成的门槛已经不复存在。可以这么说，很多经验老到的老板其实和初出茅庐的年轻创业者处在了同一条起跑线上，企业之间的竞争更趋向人才和技术的竞争。谁能迅速提高自己的学习能力和创新能力，谁就能赢得竞争优势，赢得发展主动权，在激烈的市场竞争中保持领先的发展优势。

知识是经营和发展企业的唯一途径，只有拥有丰富的知识、掌握足够的信息，再加上一定的理论分析能力，才能敏锐地感受环境和市场的变化，顺应潮流，化危为机。

事实上，长期以来，市场上并没有绝对的“蓝海”，每个人都在“红海”作战。当然，市场上也没有永恒的赢家，你能赢多久取决于你有多少学习能力。你可以拒绝学习新知，但你的竞争对手不会拒绝！事实证明，只有善于学习的企业经营者才能使企业充满活力和健康。企业经营者的作风会影响到企业的员工，营造浓厚的学习氛围，成长为学习型企业，企业就会不断成长而懒惰，就是学习新知的天敌。如果想要通过学习，找到舍旧谋新的新思路，就必须先舍弃懒惰之心。

三、勤学者，业长青

虽然现在有不少企业经营者都具有好学精神，但是他们常常被繁杂的事务缠得脱不开身，不是见客户，就是谈业务，总之，空有学习之心，而无实际的行动。更有甚者，报名参加了培训班，却派了自己的下属来听课，让下属做好笔记画好重点再给他，随便看看，就当自己学习了。当别人问起的时候，就很自豪地拿出一堆由下属“代上”的课程证书，证明自己是个好学的老板，什么创新的商业模式、创新的营销方式自己都了如指掌。

这种表演式的学习方式有没有用？对企业发展有没有好处？很显然，作用不大，效果很小。员工去学习怎么做老板，对于他怎么做好自己的本职工作作用不大，而老板花了钱，只换来了一些“快餐式”的知识和一堆证书。

这个世界上没有一套方法能让我们在短时间内参透成功的诀窍。如果有人告诉你，8 天让你赚到一千万，21 天让你登上富豪榜，你的第一反应肯定会觉得对方是骗子。

慢就是快。唯一能快速获得成功的方法，就是慢下来，用心学习。

急功近利的人，常常把心思放在耍小聪明上，不愿下“困勉之功”，遇到困难就绕着走，往往不堪市场的击打。而不急功近利的人，看似“笨拙”，但实际上比别人更虚心。这些“笨拙”的人不懂取巧，遇到问题知道虚心去学习，因此往往能通过学习改变自己和企业的命运。这就是所谓“天下之至拙，能胜天下之至巧”的道理。

所以，慢下来用心学习，虽然看起来“拙”，效果看起来很慢，其实却是最快最有效的，因为只有扎扎实实打下的成功基础，才能不留任何弊病。

不愿意把时间花在学习上，其实也是懒惰之心在作祟，不要说你忙，忙有时候只是逃避学习的借口。

大部分企业经营者其实很能吃苦，他们可以工作到深夜，也可以一日穿梭几个城市，但就不愿意吃学习的苦。毕竟处理日常事务已经让他们筋疲力尽了，学习这种不能在短期看到效益的行为，就显得不那么重要了。

很多时候，懒惰其实是我们习惯了会选择去做简单的事情，会选择去做一些我们做过的事情，这就是所谓“羊群效应”。

学习同样如此，为什么许多企业经营者在学习这件事上很容易会生起懒惰之心呢？说到底，还是不够重视，没有正确认识到学习的重要性，才会被“羊群效应”所牵制。

舍弃懒惰之心，首先要意识到学习能给我们的事业带来的好处。

为了加深大家对学习重要性的意识，在这里分享一个小故事。

有一位工作和生活都很顺利的成功人士，名下拥有几家公司，但他并没有把时间都花在工作上，反而经常会安排时间去看书和学习。是不是很好奇，他到底是怎么做到的？

他告诉我："年轻的时候，我只知道拼命工作，我认为只要工作够努力，工作时间够长，就一定能获得成功，所以每天都不敢懈怠，日日奔忙在路上。这样勤勤恳恳了一段时间之后，我发现，这种工作方式虽然能在短时间内保证效率，但长时间这样，就会疲惫不已。精力跟不上，工作也开始犯错，更主要的是，在和客户交谈的时候，我发现有不少新的商业词汇和合作方式，自己听都没听过，越发觉得自己的知识储备跟不上时代的脚步了。"

当意识到这一点后，他开始学着"高效工作"，而不是"勤奋工作"，把原本属于工作的时间，分一些出来用于学习。当知识量上去之后，工作起来更加事半功倍，而在工作中，又不断巩固所学。这样，知识又不断地在实践中得到升华，继而辅助工作。工作和学习相辅相成，形成一个正面的循环，久而久之，就养成了现在简单而不失高效的工作和学习模式。

可见，学习是一件让我们受益终身的事，它能够变无效为有效，化低效为高效。如果睿智的企业经营者们能意识到这一点，在学习新知识之时，懒惰之心就不容易生起了。

舍弃懒惰之心，其次要提高学习带来的成就感。

对于不少企业经营者来说，他们之所以想努力获得成功，除了工作带来的利益以外，还离不开工作过程所带来的自我成就感。这种成就感让他们感觉，在成功的路上，他们不是被利益所驱动，而是被成就感所激励。换句话说就是，成就感比利益更能激励人心。

如果你不相信的话，可以看看周围的人，尤其是那些事业成功的人。虽然他们非常富有，但他们都有一个共同的特点，那就是他们似乎比一般人更不在乎钱。或者这么说，相比金钱，他们更看重自己的成就和个人价值。这也是为什么大部分培训机构都会在培训之后，给每一个人颁发证书的原因之一。

从心理学角度来说，成就感实际上是一种积极的情绪体验，这种情绪体验能让人们觉得自己获得了认可，实现了自我价值。

当我们通过学习取得一定的成果、达成一个学习的目标之后，会因为愿望的实现而产生一种心理满足感，这时候，我们可以通过将证书展示在办公室，来进一步加强这种成就感的体验，并产生出一种持续追求满足的需要，进而强化学习的兴趣和动机，而这种兴趣和动机就是消灭懒惰之心的关键。

通过学习，不仅能够让我们学到更多的赚钱方法，而且当我们通过学习获得成就感，用这种成就感不断激励自我的时候，我们的个人价值也会不断提升。如果我们能意识到学习的双重功能——让我们“有钱”和让我们“值钱”时，懒惰之心也就随之烟消云散了。但如果不能意识到这一点，懒惰就会给我们带来巨大的损失，包括时间的流逝和金钱的损失。

懒惰是一个人潜力的障碍。懒惰意味着一个人不想在工作、学习或生活中取得进步，不想做他应该做的事情，不知道如何超越自己。懒惰不可避免地会导致工作延误，而拖延会腐蚀人们的意志和思想，消耗人们的能量，阻碍人们的潜力。一旦你开始拖延，很容易再次拖延，直到它成为根深蒂固的习惯。它会让一个非常有才华的人变得平庸，让一个平庸的人堕落。

解决拖延症的唯一办法是行动。那么，当我们能够在思想上认识懒惰之心的内因、危害之后，又该如何通过行动来改善呢？

1. 规划好自己的生活

只有清楚地规划好你的生活，不同的时间段不会相互干扰，生活的其他领域也不会经常干扰你做事，此时，你才可以集中精力长时间地做一件事。

混乱的生活方式，必然会导致一个人的思想经常处于混乱状态。对于思想混乱的人来说，解决问题的思路不能是“我怎样才能自律”的“加法”，相反，它应该是“我生活中混乱的部分现在可以被减少”的“减法”。

现在，你需要做的是列出一个清单：你当前生活中的哪些事情导致了你的困惑，以及你给自己太多选择的事情。比如，你经常在工作时喜欢拖延，宁愿和朋友闲聊，也不想动脑，导致工作越积越多；桌子上太多零碎的东西，你懒得去整理，导致你在工作时每次要找一件东西，都要消耗很多琐碎的时间和成本；你想锻炼身体、做好工作，却因为刷手机太过沉迷而不想动，导致身材越来越走样，等等。

在了解了这些影响到你工作和生活的事情以后，你就必须为它们做一些“减法”，比如工作的时候不拖延、按时整理桌面、定时去锻炼身体等。通过简化你的选择和目标，来规划好自己的生活。

在这个精简和重新规划生活的阶段，你可能需要几个月的时间来重新适应新的生活方式。但当你有了一个规律而简单的生活方式后，就会发现，你的自律能力、执行力和毅力都有了显著的提高。

2. 学会“内部驱动的自我管理”

在这个阶段最重要的是，你应该学会保存而不是消耗你的内在动力。

内在动力的消耗大部分是由于自我对抗，这通常是我们的理性与情感、超我与本我、对现实的担忧和生物性的懒惰之间的对抗。

你曾经用理性来控制情绪，试图强迫自己去克服懒惰，但最终的效果是，这种对抗会很快消耗你的内在动力。

保持你的内在动力，意味着你要直面自己的懒惰情绪，允许它们合理地存在。什么意思呢？就是说，在工作之余，我们可以适当地放松，当我们休息够了，才能更有动力和精力克服懒惰。许多坚持自律的人之所以能够长期做一件事，是因为他们在不同的层次上建立了许多生活习惯，所以他们在生活中的大部分时间都不需要消耗内在动力，而是可以利用所有的内在动力。

对我们来说，目前最重要的是不要担心放纵、顺从欲望和一段时间懒惰所带来的后果，而是要保存你的内在动力，培养做事的习惯。只有当你养成做事的习惯，才能坚持下去。否则，你就没有习惯的动力，你的内在动力总是很快就会耗尽。这样一来，你怎么能坚持做事？

所以，“内部驱动的自我管理”对你来说意味着：停止自我对抗，停止强迫自己，以让你感到最舒适和放松的方式生活。

你应该有意识地关注自己的内在动力，让任何会消耗你的东西离开。虽然有些事情暂时不做会有一些不良后果，但你也应该承担它们。

通过一段时间的自我放松，你的内在动力将继续恢复，并经常保持完全状态。此时，你可以开始尝试培养一种习惯——健身、写作、冥想。

你必须意识到：不要强迫自己，为养成习惯节省内部驱动资源。这就是你在这个阶段所要做的。

当主动养成习惯时，你就具备了坚持的基本品质。你的每一步都会很快得到回报，所以你会继续比赛，并努力赢得更多的回报。

这一原则可以充分应用于我们的工作、习惯养成、生活等方面。一般来说，有两种主要的实施方法。

（1）对目标进行分化，给不同的目标制定不同的完成时间

很多时候，并不是我们没有能力解决问题，而是有些问题乍一看似乎太大了，我们主观上认为这个问题很麻烦或不可能完成，然后很快就放弃了。

因此，削减和细化目标是减轻心理压力的好方法。比如，在一个月内要完成一堂课的讲解，那么我们就可以在这周找到一个好的话题，在下周设计框架，而在下下周填写内容。这样，就能大大减少我们完成任务的心理压力。

（2）让自己尽快得到奖励

在某种程度上，“内部驱动的自我管理”也是一种思考习惯，一旦这种习惯培养起来，你自然就能建立一种轻松的“生活玩家”态度。

这是一种极好的生活态度。你不会执着于琐碎的生活本身，也不会受到当前利润或挫折的影响。相反，你总是可以从一个宏大的角度看待你的生活。

拥有这样的“生活玩家”心态，可以从“为自己的生活建立奖惩机制”开始。也就是说，奖励一些你认为好的行为，适当地惩罚一些不恰当的行为，但最好忽略它们。

这种方法的原理来自心理咨询中的“积极强化法”。比如，我今天不想写作，但我告诉自己，如果今天能完成一篇作品，那么我就会给自己一个小奖励，例如一杯平时因为怕长胖而不敢吃的蛋糕。

试想一下，如果你在疲惫的内在动力、低执行力和没有习惯的驱使下“坚持”阅读、写作和工作，会有多痛苦。但当养成了某种习惯之后，那些“坚持”阅读和“坚持”工作的人其实一点也不痛苦，就像你吃饭睡觉是很自然的，不需要“坚持”。

因此，如果你真的想长期投资做某件事，就可以依靠对自己、环境和人类行为模式的深入了解，对自己进行系统和全面的调整。这是一个负责任的智者的思考方式。

人们真的需要并且应该在某个时候努力超越他们的舒适区，然而，如果你发现自己长时间处于不快乐、疲劳和过度消费的状态，此时试图用过度的力量把自己从泥潭中拉出来可能是不明智的。相反，它只会让你越陷越深。正常的生活状态更有可能是“自然”状态，包括熬夜学习、出汗健身和加班，这些都应该是一种让你感觉非常自然的状态。而当你总是感到不自然时，毫无疑问，要么是环境发生了扭曲，要么是你自己的思想发生了扭曲。

像“你工作不够努力”和“你坚持得不够”这样的说法是不负责任的。只有了解自己，以自己的方式去对生活做出改变，才能真正舍弃懒惰之心，让勤奋成为一种自然的行为。没有必要听取他人的建议或参考他人的经验，别人的经历在很多情况下只会扰乱你。相信自己并独自探索，这可能是最快的成长方式。

本章的分享就到这里。

希望通过本章的分享，能让大家学会舍旧谋新的方法，通过舍弃懒惰之心来找回自己，找到重新振奋灵魂的方向。

第九章　舍九取一

“天道忌盈，业不求满。”

俗话说：“月满则亏，水满则溢。”很多人穷其一生都在求满求全，殊不知，如果一个人迫不及待地想将一件事做到完美极致，最后因过于强求，反而容易导致失败。

清朝名臣曾国藩在仕途最顺利之时，以“求阙斋”给自己的书屋命名。他认为人生不能求全，要求缺，一个人一旦生出力求完美之心，就是祸患的开始。

世人往往忽视这一点，凡事总是求全求美，做事不能量力而行，把心神分散到无数件事上，导致无法专注做成一件事。万事“过满”，到了一定限度必然会发生质的变化，就很容易招致灾难，而“不满”又代表着遗憾，唯有“小满”恰到好处——将满未满，满而不损，满而不盈，满而不溢。

这也是“天道忌盈，业不求满”的真义。

因此，在我们做事的过程中，要懂得取舍，通过“舍九取一”达到小满的状态，不求多、不求全，才能全力以赴，把事情做好。

一、有小舍才有大得

人生最难是取舍，舍弃一样都要做一番心理斗争，更何况是要舍弃九样。但是，有的时候，如果我们不舍弃这九样，就无法得到这一样。

舍九取一主要有两重含义。

1. 聚焦一点，专注持续，方成大事

舍九取一中的“九”和“一”都是虚数。我们做事业的过程中，会遇到众多非常想去做的事情，这些事情就是“九”；我们需要从这些事情中，选择最想做的、最合适自己的事情去做，这就是那个“一”。

这里有一个关键点，所谓舍九取一，并不是说我们能做的只有一件事，而是我们需要把所有的精力都集中到一个方向，不要贪多贪满，专注持续地去做，才能成就事业。

有一个禅宗故事，可以很好地诠释这一点。

在一座山林中，隐居着一位武功高强的大师。很多人千里迢迢慕名而来，想从他身上学习到一些武功秘籍。

有一日，一批求学者刚到达山林，就发现大师挑着两个桶，不急不慢地从山谷溪流中挑水。

他们上前拜见了大师，再仔细一看，才发现两个桶里的水都没有满。这就奇怪了，以大师的功力，轻松挑起两大桶水完全不成问题，为什么他不一次多挑一点呢？

人们面面相觑，都不太好意思去问大师缘由。这个时候，人群中的一个年轻人忍不住问道："大师，您为什么不装满水桶呢？"

此言一出，大家都呆住了。大师反而不急不恼，缓缓道："挑水的方法不是选择更多，而是选择足够的水。盲目地贪多，往往会适得其反。"

大师的回答让人们更加困惑了。

这个时候，大师取下桶，递给那个年轻人，让他再从山谷里取两桶水来。

年轻人接过桶，信心满满地从溪流中盛满了两桶水，挑上肩膀就往回走。可还没走几步，他的脸色就越来越难看了，后面几乎是挣扎着蹒跚而行。还没走出山谷，就不负重担，摔倒在地。所有的水也都洒了，他的脚上也受了伤。

大师上前扶起他，说道："当水泼出来的时候，你是不是需要再回去打一桶？可是这时你的脚已经受了伤，走起路来更加困难了，再打水的时候是不是比方才更加吃力？这样一来，不是比你刚才挑的还要少吗？”

的确，为了一次多挑点水导致水全部洒了，不仅前面的路白走了、苦白吃了，而且想要再重新打两桶，更要付出比之前多几倍的力气。

年轻人仍有不解，又谦虚地问道：“那请问大师，我们怎么才知道自己能够挑多少水？怎么才能把握好这个度？”

大师笑着，指着桶里的一条线说：“请大家看看这里。”

人们纷纷凑上前，发现在桶边画了一条线。

大师说：“这条线就是底线。每次挑的水都不能高过这条线，如果高过这条线了，那么就超过你的用水需求，也会超出你一次挑水的能力。你们学武功也该如此。我们可以给自己定一个目标，在心里给自己画一条线——我这段时间能练成什么功夫。这样，我们就可以提醒自己，不要贪急贪多，只要在这条线之内，专注地去做好一件事就行了。有了这条底线，我们才能尽我们所能做到最好。”

听到这里，大家恍然大悟，原来大师是特意守在他们上山的路上，给他们上的这一课。

其实，无论是练武还是做事业都是一样，如果一味贪多，就会因小失大，得不偿失。只有选择某个最想做也最适合自己做的事业，全神贯注、全力以赴地把它做好，才能取得成功。

但是，说来容易实践难，不少人在众多事业选项面前，往往都难以做出选择。而当我们好不容易选定一件事时，又总是幻想着，如果去做其他事会不会更容易达到目标？你的这种想法，其实是源于你对自己最想做的事情没有足够的信心。

当我们真的需要从九个选项中选择一个时，就必须对自己选择的事业有足够的信心。一旦选定，就坚定地走下去，这样才能取得理想的成绩。

2. 利益面前，懂得分享，不吝于财，方成大业

舍九取一还有另外一重含义，就是要求我们在利益面前要懂得分享，有钱大家赚，把“九”拿出来分给大家，自己只取能够满足企业发展的“一”，从而赢得人心和资源，获得更大的成功。

这个道理非常简单，正所谓“财不散不聚”，我们要先学会散财，才能聚财。当你手中有一筐食物的时候，你自己吃一个，其余的都分给其他人，这样，当别人获得其他食物的时候，也会想起你，说不定还会有人回赠给你更好的食物。虽然看起来获得的食物数量还是一样，但是种类多了许多，而这些不同的种类，就是企业发展的种子，能够帮助你去更多地拓展业务。

一个人的社会地位和名声好比一棵树的枝叶花果。枝叶花果从哪里来？从根上来，这个根在商场上指的就是人心。不得人心，无论你的地位和财富有多高，都会不可避免地给你带来灾难，因为身在高处容易招人嫉恨。毕竟利益是人人向往的，如果

谁独占了利益，而不与大家分享，或者断了别人的生路，那么一定会成为众矢之的。

当年，刘邦敢于领军攻破咸阳，却没有勇气占据这个地方；曹操有勇气“挟天子以令诸侯”，却不敢篡汉自立。为什么？他们就是害怕成为众矢之的。

因此，在面对利益之时，一定要善于权衡取舍。

《礼记》中说：“财散则民聚，财聚则民散。”我们赚到钱了，可以用它来交换人心，如果你把赚的钱紧紧地攥在自己手上，那么就会人心背离。而有了人心，千金散尽还能复来。这就是为什么很多老板在做生意失败之后，还能东山再起的原因之一。

这个道理对于有才能的人是如此，对于才能平庸的人更是如此。《水浒传》中的宋江在上梁山之前，只是一个小押司，文不出色，武也平庸，为什么他在朝廷混不下去之后，还能成为梁山的老大？要知道，梁山的一众好汉，随便拎一个出来，都有“秒杀”他的本领，但为什么他们就甘心臣服于宋江呢？

原因很简单，因为他乐善好施，人称“及时雨”。在初见李逵时，宋江就慷慨地给了他一袋银两，这让李逵非常感动。就连武松这样的铁汉，也折服于宋江的慷慨和正义。不吝钱财，正是宋江赢得人心的关键所在，而他的这些举动，也为日后获得成功种下了善果。能够赢得人心，这就是宋江的人格魅力所在，也是他比其他人厉害的地方。

一个人再厉害，本领再强，也不可能样样精通，再能干的人，也离不开他人的帮助。如果我们舍不得小钱，就换不回人心。没有了人心，在闯事业的时候，就没有人会愿意帮助你，只会眼红你“高楼起”。

一个人再聪明再能干，也不可能永远不踩坑，不可能次次投资都能获得成功。再精明的人，也有看走眼的时候，如果我们在赚钱时不懂得散财的道理，就会为未来埋下隐患。这个隐患除了树大招风、遭人嫉恨以外，更重要的是，在面临困境的时候，没有人会愿意扶你一把，个个都恨不得见你“高楼塌”。

有数据统计，大部分的世界500强企业都只能持续50年左右，更不用说那些挣扎在温饱线上的小企业了。是什么造成这些企业的不可持续发展？主要是因为很多企业家只知道一味地垄断，不懂得舍九取一的道理。赚钱的时候要想到别人，按照这句话行事，企业才能长期发展，立于不败之地。

有人的地方，就有土壤，土壤代表着人脉和资源，有了土壤，还怕种不出果实吗？用小利益换取人心，是非常划算的一件事。为什么人们会聚集在你周围？因为当你赚钱的时候，他们也有钱赚。而当他们聚在你身边的时候，你就能赚更多的钱。

世界上的事情就是如此，当你想抓住某样东西的时候，就必须先放弃它，而你拼命抓在手里的东西往往消失得更快。这是符合辩证法和对立统一规律的。

在农村，几乎每个家庭都有一个院子，里面养着一些家禽。

冬天，经常可以看到家禽们在院子里用爪子和嘴不停地在地上挖土，希望能找到一点食物。村民们把这种行为称为“抓抓挎挎”，也就是一点小利益也要拼命寻找的意思。

那些一心想着聚敛钱财的人就像这些家禽，因为他们太专注于眼前的小利益，以至于没有时间去考虑更大的获利方向，更没有想过如果去获得资源和人脉。

如果分散你的财富，让跟随你的人可以过上幸福的生活，他们就会更愿意跟随你。相反，如果你把所有的财富都集中在自己手中，那就只会让跟随你的人感到心寒，这样的团队什么都做不了。

所谓“独占发财难持久，分享致富越千秋”，利益是每个人所追求的，如果你获得了利益，却只想一个人独享或者垄断，那么相当于将自己置于危险的境地，让自己成为众矢之的。

关于这一点，清朝著名商人胡雪岩在很早之前就已经参透了。

有一次，胡雪岩听说外商拥有一批先进精良的武器装备。消息被证实后，他认为这是一个赚钱的好机会，因此立即联系了外商。凭借多年的购物经验、娴熟的操作技巧以及在军火行业的声誉，胡雪岩很快就完成了这一批军火生意。

正当胡雪岩为赚了一大笔钱暗自高兴的时候，一位商业朋友告诉他，有人指责他做生意太不厚道了。原来，外商原本是要把这批武器卖给另一位同行的，但在买单前被胡雪岩以更高的价格截获，使同行失去了很大的商机。

听了这话，胡雪岩为自己的鲁莽行为感到非常羞愧，他立即邀请这位同行来讨论如何解决这件事。胡雪岩在政界和商界有着巨大的影响力，这位同行担心将来会遭到报复，所以没有提出任何要求，只是说既然外商把生意交给了胡老板，那没有关系，只是希望以后尽量避免这种事情。

如果换作一般的商人，可能事情就这样过去了，但胡雪岩不是。他主动把这批武器给到了同行名下，然后要求同行以与外商相同的价格把这批武器“出售”给他，这样同行就可以在不花钱的情况下赚到差价，更不用说冒任何风险了。

经此一事后，同行非常钦佩胡雪岩，与他建立了长远的合作关系，胡雪岩自身的商业声誉也更加显著。

后来，胡雪岩的恩人王友龄由于身负数个要职，无法兼顾某个地区的海运局，就想任命胡雪岩为海运局成员，相当于王友龄在海运局的代理人。但胡雪岩告诉王友龄，海运局有一位年长的周委员，你离职后，他应该是代理人，如自己贸然占据这个职位，就等于剥夺了周委员应得的利益。就这样，这一职位最后还是交给了周委员。

为什么胡雪岩要这么做？因为他深深明白，干什么事情都不能“吃干抹净”，要分给对方一杯羹，这样才能消除隐患，等自己失势时别人也就不会落井下石了。

因此，我们决不能一看到利益就忘记正义，而必须知道如何取舍。

商界有句俗语叫“独食难肥”，有了生意，大家应该互相支持，而不是互相拆台。不要做挖墙脚的事，也不要舍不得分一些利益给别人。做生意的方式就是做人的方式，如果因为利益而损害了名声，那么最终你也赚不了多少钱。

在赚钱的时候，给别人分一杯羹，是一种处世智慧，更是一种做事业的手段。做人的最高境界是懂得分享，做事业的最高境界也是分享。

二、只缘身在最高层

那么，如何才能在利益面前做到舍九取一呢？

1. 要站得更高

古诗有云：“欲穷千里目，更上一层楼。”站得更高，胸怀更广阔，才能看得更远。

远见是一个人内化的一种气质。站在不同的高度，直接决定了一个人的胸襟，同时也决定了他的所作所为、所思所想，以及最终能达成什么样的成就。

具有广阔胸怀的人，往往都是大度的人，大度的人不会计较眼下的得失，所以能够看得更远。而一个目光狭隘的人很难取得成就，因为他不能理解和接受他所看到的一切。对这样的人而言，有钱大家赚是不可思议的事情，更不可能做到舍九取一，这是由我们常说的认知局限所造成的。视界的局限，限制了他们的世界，认为“自己即世界”，他们只相信自己认为的。

只有当一个人开始内观自己，对自己的胸怀和眼界有正确认识的时候，才有可能获得真正的觉醒。一个人的价值最终并非取决于他的才能，而是胸怀大小和眼界高低。

一个人看问题的角度，其实就是他的眼界。眼界狭窄的人，只以自己的立场去看待问题；眼界宽阔的人，则会用很多角度去评估同一个问题，得出多种解答的办法。换一个思路和想法，眼前就会豁然开朗。

举例来说，如果你还是不能理解“财散人聚”的道理，那么不妨换一个思路和想法。在商场，金钱其实也是一种资源。眼界高的人，能看到金钱最大的作用，把它作为一种资源，来换取企业的安全和人心，以此实现自己的理想；而眼界低的人，只能看到它最低层次的功能，用来满足个人的各种欲念，比如购买汽车、楼房等。因此，当我们觉得自己的思路受到局限的时候，就需要扩大我们的胸怀和提高眼界来打磨我们的思想。

怎样才能站得更高呢？人生的境界需要在人事历练中慢慢领悟，在日常的工作和生活中，我们需要坚持以下几点。

（1）学会容人之“异”和接纳他人的多样性

这里的“异”指的是人与人之间的差异，以及处于不同发展阶段的人之间的差异。

自古以来，人们就认识到个体之间的差异，不同的人，在气质、能力和兴趣等方面都存在差异。而这些差异，主要是由于个人不同的成长背景、人生经历等造成的。

从理论上来讲，差异可以相互补充、相互启发，打破原有习惯的路径依赖，让人产生不同的新观点和想法，并找到改进的新方法。但在实际中，人们则更喜欢与自己性格相投、行为相似的人，而遇到与自己各方面差异较大的人，就很容易产生误解和偏见。

因此，要接受差异，我们需要练就开阔的胸怀，用宽容去接纳他人。宽容是对他人的理解，是一种换位思考的智慧，也是对自我的解脱。能够宽容他人的人是豁达的、理性的。

虽然宽容别人并不是那么简单，但我们仍然应该尽最大努力，一点一点地不断积累、改进。当我们对他人言行无法理解的时候，可以通过心理换位的方法来学习宽容，比如，当双方发生矛盾时，我们可以从对方的角度思考他为什么会这样做，这也就是我们通常所说的换位思考。

抛开对与错的观点不谈，任何事情都没有绝对的对与错，所以我们应该认真听取别人的想法和建议，不要把自己的想法和想法强加给别人。如果能做到这一点，彼此之间就能相互理解，减少许多不必要的矛盾。

宽容是一种仁爱之光，是对他人至高无上的祝福。它是看透生活真谛后获得的平静、自信和超然。我们只有懂得宽容他人，才能学会站在他人的角度思考问题，通过理解和接纳他人，可以历练我们的心胸，提高我们的眼界。

（2）不受外界诱惑

诸葛亮在《诫子书》中说："非淡泊无以明志，非宁静无以致远。"当然，淡泊名利并不是完全不追求名利，身在尘世，没有人能逃脱得了名利的诱惑，但是我们要尽量淡化名利在我们心目中的重要性，毕竟，人活在世上，只有与生命紧密相连的才是最重要的，其他都是次要的。

名利乃身外之物，如果对其太过看重，就会威胁到我们的事业，甚至是生命。但普通人往往无法完全理解这一道理，终生都在拼命追逐这些外在的东西。这实际上是一种误区。只有看淡名利，我们的思想才不至于被虚荣所牵累，心胸自然也就清晰开朗了。

名利本身不分好坏，俗话说"名利高寒阁，冷暖只自知"，不管宦海的起伏，还是商战的成败，其中的滋味都如同鸭子在水中嬉戏一样，冷暖自知。但是，如果一生为名利所累，就是本末倒置。

只有淡泊名利，不受外界诱惑，才能在平淡中找到幸福，在宁静中创造浪漫，给人以慰藉和净化，使人全身心投入自己的工作中。

（3）行万里路，读万卷书

明朝的董其昌在《画旨》中说："读万卷书，行万里路，胸中脱去尘浊，自然丘壑内营。"作画如此，做人做事也如此。有时候，我们的工作或事业不顺利，并不是因为我们的思路不够开阔，而是我们的视野不够开阔。看得少了，眼界就不会宽阔，就会因认知的局限而失去机会。而通过接触不同的人群、不同的观点，就可以弥补这一点。

行万里路，可以理解为在实践中学习。孔子非常重视实践在学习中的作用，并通过周游列国来印证所学；李时珍、徐霞客等都是靠"行万里路"，写出了宏伟巨著或取得重大发现。行万里路，能够让我们感受大自然和不同人文学科的伟大，通过接触不同文化的人，与他们沟通，去了解他人的生活和世界，从而不断增加我们的知识和经验。

读书有益，是自古以来的共识。书籍是我们获取知识的源泉之一，通过阅读可以改善一个人的视野和生活模式，而一个人的模式往往决定了一个人未来的高度。歌德曾经说过："读一本好书，就是和一位品德高尚的人谈话。"确实，一本好书就像一个智者，它能让我们感受到与其共鸣的真善美，让我们突然之间明白生命的真谛，从而纠正我们对生命的态度。一本好书经得起时间的审视和岁月的磨砺，它是我们的良师益友，能让我们终身受益。

读书足以怡情、足以博采、足以长才。因为书中有一个广阔的世界、有一种不朽的精神，虽然时代在不断更迭，但通过阅读，可以让大脑交流过去和未来、已知和未知，可以让我们不断地提升自己，更好地满足自己。

2. 要有无私的发心

最高境界的胸怀，就是无私的发心。

在利益面前，很多人都会有私心。自私自利是人的一种本性，而许多成功人士的成功之处，就是比一般人更懂得克制这种人性，比一般人更加无私。

因此，我们要想成功，首要的就是要有无私的发心。什么是无私的发心呢？无私的发心是相对于自私而言的，合乎理就是无私，不合乎理就是自私。只有当一个人将公心发挥到极点时，人才会舍弃私心而选择无私。无私的发心能够保障社会的公众利益。

在我们的人生中，自私其实是一种业力，而无私才是真正的美德。相信每一个人都知道这个道理。只有在生活中修行，在实践中悟道，在启蒙中提升自己的精神境界，你才能走出内心的自私，敞开心扉，从远处看一切，为未来留下空间和道路。

想做到真正的发心无私，要从你的内心开始改变。因为开放的心态和无私的境界，才能让我们真正理解生活，看透生活，从而过好生活。

事实上，每个人来到这个世界上的时候都是一片空白，不知道自己要去哪里，也不知道要如何过好自己的生活。我们需要一步一步地经历和体验人生的点点滴滴，实现自己的理想和追求。而只有在无私的境界中，我们才能做到无忧无虑、心境平和，做好人生中的每一件事，积累功德。

减少自私，你的思想就会得以开放。如果你只想着自己而忘记了别人，你的心就会收缩为一个小的空间，在这个小的空间里，每个小问题都像天空一样大，让你常常感到担忧、痛苦。如果我们能关心他人，理解他人，接纳他人，我们的心就会敞开。

那么，如何在我们的内在根植无私的发心呢？

无论做什么事情，我们都应该有一个“标尺”来对其进行衡量，这个“标尺”就是无私。可以说，我们的内心深处是否无私，决定着我们生活的质量好坏。因此，无论是在工作还是生活中，我们都应该保持心灵的纯洁和无私。一个真正无私的人必须具备以下品质。

首先是谦虚谨慎。我们必须时刻提醒自己，随时反省自己，彻底赶走生活中的傲慢自大，确保我们始终保持谦逊。

其次是心存感激。感谢每一个“今天”，感谢生活中的每一件事和每一个人。

再次是知足。知足这两个字说起来容易，但要做到很难。人都是有欲望的，而且很难满足，如果稍不留意，贪婪的念头就会乘机出现，影响我们的行为和判断。而人之所以要学会知足，是因为知足的人生会让我们体会到什么是幸福，什么东西才值得我们真心地去珍惜。

最后是懂得反思。我们应该每天都进行反思，在脑海中重复当天的情况，并用最诚实的心问自己是否遵循了“作为一个人什么是正确的”原则，是否有任何错误和不适当的地方。如果有，就改变它；如果没有，就作为对自己的一种鼓励。反思需要日复一日，深入内心，只有这样才能产生效果。

只有广阔的胸怀和无私的发心，才能让我们专注地做好一件事，在做事的过程中，发自内心地做到舍九取一，引领我们走向更美好的未来。

三、去贪执，万事成

修炼胸怀和眼界的过程，是漫长而艰难的，一路上充满了各种各样的诱惑，而贪婪之心往往会让我们变得心胸狭窄和短视，阻挡我们发起无私心。因此，要想成就事业，我们就必须学会舍弃贪婪之心。

人们普遍认为贪婪源于人性。为了生存，贪婪是不可避免的。其中，最明显的贪婪是对财富的贪婪。在贪婪的问题上，人与人之间的区别不在于是否存在贪婪，而在于贪婪的程度。

如果一味贪爱财物，你的思想将装不下其他的事物，人就会成为一个被财物困扰的奴隶。它会幻化成你的心魔，不断地在你的脑海中怂恿你去占有更多的金钱。而为了达成它的目的，它会先占领你的心神，让你失去本心，再进一步侵蚀你的思想，让你失去明智。如此一来，你将无法再拥有明智的头脑，也再难以生起无私心，万事只以金钱为标准，成为一个自私自利的赚钱工具。

试想一下，你真的这么爱钱吗？也不一定，是因为你的心魔总是在与你对着干。我们的心有时候就像一个顽皮的小孩，你越害怕什么，它就会用什么攻击你。本来，你的心底渴望用自己的实力去实现理想和抱负，而且对于理想和抱负的热爱也远远大于金钱，但是你心中害怕会因贪婪而失去方向，那么你的心魔就会把你心中对金钱的那一点点喜欢不断放大，让你误以为你很爱财。它会幻化成“你”，用它的思想强行替代你的思想。虽然有些人还能清楚地认识到这并非自己的本心，但也免不了会疑惑，这种疑惑就会给人带来痛苦。

所以，有时候贪婪是与恐惧同在的。比如你害怕失败，你的心魔知道贪婪将会是你成功道路上最大的阻碍，它就会不断地用金钱给你带来一系列的诱惑。如果我们经不起诱惑，那么诱惑便会成为禁锢你的铁链；如果我们能经得起诱惑，那么诱惑便不再是诱惑，而是考验。

其实，我们终此一生，都是在和自己的内心争斗。人心之复杂，有时候连自己都无法参透，如果我们不能保持清醒的头脑，就无法分辨哪个才是真正的自己。

1. 如何舍弃贪婪之心

先给大家分享一个外国的民间小故事。

一天，一个年轻人和他的祖父一起去森林里捕猎。开始之前，祖父先教给年轻人捕猎的技巧：竖起一根木棍，用绳子绑起来，然后再绑上几根木棍，将它们围成一个“圈套”。在里面撒下一把玉米粒，当猎物被散落的玉米粒诱惑，一路跟进到“圈套”里时，只要人拉动绳子，就能够轻松地捕捉到猎物。

祖孙俩将“圈套”设置好以后，就藏到了树后面。不久，一群野鸟落到了地上。年轻人数了数，总共有九只。可能是因为饿了很长时间的缘故，没过一会儿，就有几只野鸟走进了“圈套”。

年轻人正要拉绳子，但犹疑了一下，还是忍住了。他告诉自己，再忍一会儿，剩余的几只野鸟也会走进去。但让他没想到的是，其他的野鸟非但没有走进去，反而有一只已经在“圈套”里吃饱的野鸟，又走了出来。

年轻人后悔万分，自言自语地说：“只要再进去一只，就马上拉绳子。”然而，又有两只野鸟吃饱走出了“圈套”。如果年轻人在这个时候拉绳子，至少还是能捕到猎物，但是他不甘心，认为还有野鸟会走进去。就在这个时候，“圈套”里的最后一只野鸟也走了出来，让他措手不及。最终，这个年轻人连一只野鸟都没捉到。

贪婪是一种无尽的欲望，它使人永远无法满足。捕猎的年轻人因为贪婪而想得到更多的东西，导致他失去了本应得到的东西。如果我们被贪婪之心牵制，就注定会与成功失之交臂。

由此可见，要想舍弃贪婪之心，首先要懂得知足。

生活的幸福不在于你得到了多少，而在于你是否知道如何享受你所拥有的。我们努力工作，努力为自己赚更多的钱，这是可以理解的，但同时，我们也应该怀抱一颗感恩和满足的心。

老子曰：“祸莫大于不知足，咎莫大于欲得。”知足，并不是指停止追求更好的东西，而是说当我们拥有了自己最想要的东西之后，就不要因为贪婪而失去我们心中最美好的东西，比如因为名利而失去追求理想的决心、因为金钱而失去做人做事的底线等。

“得到最需要的，是福；贪图过多过杂的，是累。”就像本来你只能吃两碗饭，但因为贪图食物的味道，还要再吃一碗，导致最后吃撑了。

有这样一个寓言故事。

在古代，某个地方发生了洪水，有五六个人一起逃走，其中一个人拼命地往前游，但他游得还是不如以前快。

他的同伴奇怪地问：“你的水性是我们里面是最好的，怎么今天反而会落后？”

他气喘吁吁地说："我腰间缠着一千枚铜币，它太重了，拖着它游不快。"

同伴赶紧喊道："都什么时候了，赶紧把它们丢了吧。"

那人却说什么都不肯，最后其他人都顺利逃脱了，只有他被洪水淹没了。

古语有云："甚爱必大费；多藏必厚亡。"人的痛苦来自贪婪，如果你对某个事物过于执着，就会最终为此付出痛苦的代价。所以，不要让外界的浮躁感染你的初心，同时也不要因为贪婪而挡住别人的路，这条路需要大家一起走，才能越走越平坦。生活的痛苦和幸福都植根于我们的心中，如果我们想要幸福地生活，就不能贪婪。

其次，想要舍弃贪婪之心，就要提高我们的心智。

所谓"智慧越高，越不贪婪"，为什么这么说呢？有一个非常出名的典故，或许它能给我们带来启发。

古时候，有一个地方刚闹了饥荒，村里的一个农民已经好几日没有吃饭了，为了活命，他跑到山里去找吃的。结果粮食没找到，却无意间救了一条蛇的命。

这条蛇为了报答他的救命之恩，就承诺他，他想要什么，都会满足他的心愿。农民听了，非常激动，他马上说要吃的和穿的。蛇一一满足了他，在他吃饱饭换上新衣服之后，就慢慢地贪欲生起，说还想要当官，蛇同样也帮他实现了愿望。

当农夫摇身一变成为宰相后，变得越发贪婪了，他对蛇说，自己还想做皇帝。这个时候，蛇最终明白了，人的贪婪之心是无穷无尽的，于是忍痛将自己的救命恩人一口吞掉。

这个典故就是著名的“人心不足蛇吞相”，后来，人们逐渐将它写成了“人心不足蛇吞象”，比喻人心不知道满足，就像贪婪的蛇想把大象吞下去一样。事实上，真正贪婪的是人的心，而不是蛇。

我们心中的每一种正念和善念，就像这条蛇一样，我们把它根植在我们心中，它就能够带着我们去实现每一个人生的小目标。但是如果没有足够的智慧去驾驭贪婪之心，那么正念和善念就会离我们而去，最终让邪念和杂念占据我们的心，一步步地将我们推向灭亡。

贪婪是个无底洞，满足是个无尽藏。人应当戒除贪欲，放弃那些多余的、不需要的东西，因为那些东西对于你的幸福来说就是“余食赘行”，不但不能帮你得到幸福，反而会阻碍你得到幸福。

所谓“兼听则明，偏信则暗”，兼听代表着我们要过滤掉一些不明智的、无效的信息，也就是要求我们必须要拥有反思以及明辨是非的能力。我们可以“兼听”心里的想法，但是也要有分辨本心的智慧。同时，兼听也代表着不能从众，在不同的声音面前要有独立思考和判断的能力，当然，这也是作为企业经营者应该具备的基本能力。

2. 如何提高心智，舍弃贪婪之心，做正确的决定

首先是“慎始”。

无论做什么事情，一开始都应该非常小心。我们必须严于律己，不能轻易被贪婪之心牵制。在事业开始之前，要认真筛选接收到的信息，认真选择经营品种，在进入市场前初步预测市场走向，慎重选择和判断进入市场的时机和位置。不要人云亦云，看到什么赚钱就不管不顾地去做，要先考虑清楚这个行业的发展前景。

其次是“自律”和“去执”。

有约束的自由，才是真正的自由；懂得克制自己的贪婪，才能在市场上来去自由。例如，在做一项投资时，对于那些没有被伪造的信息，我们应该敢于相信、试错，但同时也必须要设定好止损头寸并严格执行。

“去执”，在这里指的是克服对成功的执念。前面讲过了，如果我们太过渴望成功，就会被心魔所利用、被名利所干扰。因此，我们越想要达成某样成就，就越要以平淡的心去对待它。

再次是“慎终”。

俗话说：“慎终如始，则无败事。”也就是说，我们做事情要有始有终，不要东一榔头西一棒子，做到一半，看到有来钱更快的项目，就放弃原先的项目，去做新项目。这样不仅前功尽弃，还要从头再来，最后往往什么都干不成。

试想一下，当你舍弃前面的项目，跑去做新的项目之时，是不是会比之前更渴望证明自己，在这种心态驱使下，你会变得更加急功近利，又怎么能做出正确的选择呢?

最后是“分享”。

胡雪岩认为，如果你想长期做生意，就必须要有一种分享的意识。如果你自己拿了所有的好处，当你失势之时，就很容易遭受到他人的报复。因此，当面对利益的时候，我们要学会和他人分享，这也是所谓“帮助他人，就是帮助自己”。

给别人活路，相当于给自己一个机会。如果你为了一点利益而轻易得罪别人，将来就可能会失去更多的利益。从长远来看，如果你想做生意，舍九取一是一种必须具备的品质。

通过最后一章的分享，你应该对经营企业有了一个更深层次的理解和感悟。

作为企业经营者，每天可能都会面临无数挑战，但影响我们企业命运的，往往不是资金和人才等问题，而是我们的贪婪之心。只有去掉贪执，保持谨慎和独立思考判断的能力，才能通过舍九取一，获得成功。